Götz | Gollmann | Laukner

TOUT sur mon CHAT

ULMER

À la découverte des chats

Les chats sont des créatures fascinantes, qui savent charmer leur monde mieux que n'importe quel autre animal. Qu'il soit diva, séducteur, solitaire ou aventurier, chaque chat est un individu à la personnalité hors du commun.

Petit historique

ZOOM

Les chats ont été vénérés et persécutés. Après avoir lu ce chapitre, vous en saurez plus sur leur histoire mouvementée et leurs origines.

Birgit Gollmann

Vivre ensemble

Sachez gagner la confiance de votre chat, l'amuser et le nourrir.

Le soigner avec amour

Apprenez à bien vous occuper de votre chat, comment agir en cas de maladie et comment éviter qu'il se reproduise.

Sommaire

Entre ciel et terre

Le monde de votre chat comme vous
ne l'avez jamais vu.

La vie en 3D

Des astuces pour que votre chat se sente
bien chez vous.

Eva-Maria Götz

À la maison

Découvrez comment aménager
facilement votre intérieur au goût
de votre chat !

En liberté

Sécurisez votre balcon, vos fenêtres,
pour que votre chat profite du grand air
en toute sérénité.

Sommaire

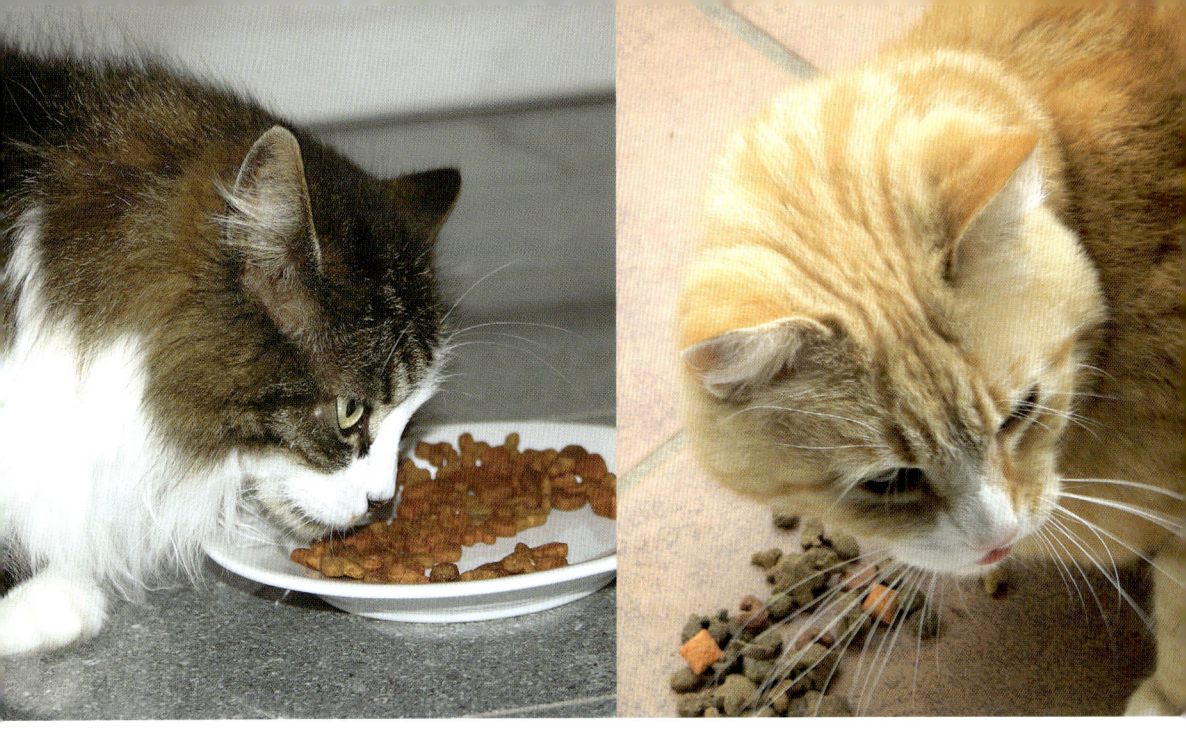

Un matou
en parfaite santé

Une alimentation saine et équilibrée
est essentielle au bien-être de votre
compagnon. Vous trouverez dans ce livre
des informations utiles, simples et claires.

Les bases
de l'alimentation

ZOOM

Quels principes devez-vous respecter pour
que votre chat reste en pleine forme ?

Anna Laukner

Une histoire de goût

Boîtes, croquettes ou fait maison ?
Déterminez quel type d'alimentation vous
convient le mieux, à vous et à votre chat.

Les régimes

Comment nourrir votre chat
s'il est malade, allergique ou trop gros ?

Sommaire

Un amour de petit tigre

Les chats occupent une place particulière parmi les animaux domestiques : bien qu'ils cohabitent depuis déjà plusieurs millénaires avec l'homme, ils n'ont pas beaucoup changé et font preuve d'une indépendance toujours aussi étonnante. Il y a encore une grande part d'animal sauvage dans ces pattes de velours. Il n'existe pas de grande différence entre son comportement de chasse et celui de ses cousins sauvages. En même temps, la plupart de ces tigres miniatures sont des compagnons agréables et très câlins, qui savent apprécier l'affection que leur portent leurs maîtres. L'entêtement et le caractère prononcé des chats domestiques ont un charme tout particulier ; chacun d'entre eux possède en effet une forte personnalité.

Accueillir un chat, c'est en effet conquérir un petit carnassier. Nos chats sont bienveillants, mais jamais dociles. Ils ne demandent rien mais exigent beaucoup (ce qu'il y a de meilleur en nous !). Si vous êtes prêt à lui offrir, vous vivrez ensemble de belles et passionnantes années.

Petit historique

L'origine des chats

Ces petits félidés souples sont entrés dans la vie de l'homme il y a près de 4 000 ans. Depuis, leur histoire a connu bien des rebondissements — ils ont été vénérés, aimés ou haïs — mais ils ont toujours su préserver leur personnalité unique.

Des matous vénérés

Nos chats domestiques descendent du chat sauvage d'Afrique, domestiqué en Égypte il y a des milliers d'années. Les chats sauvages recherchaient la compagnie de l'homme. En effet, les céréales que ce dernier cultivait et entreposait dans de grands greniers attiraient de nombreux rats et souris, véritable manne pour ces chasseurs hors pair. C'est ainsi que les chats se sont pour ainsi dire domestiqués eux-mêmes.

▶ L'homme, lui, a tellement apprécié les services rendus par ce nouveau compagnon qu'il a élevé le chat au rang de divinité. Les Égyptiens ont nommé cette divinité très honorée Bastet. Il était interdit de tuer un chat, sous peine de mort. Des milliers de chats momifiés offerts en sacrifice au cours de cérémonies ont été retrouvés dans les tombeaux et les temples.

L'arrivée en Europe

À l'époque, les Égyptiens n'avaient pas le droit de sortir les chats, considérés comme sacrés, hors du pays, sous peine de sanctions.

▶ Les Phéniciens ont vraisemblablement été les premiers à faire passer clandestinement des chats sur leurs navires. Ils les vendaient ensuite à prix d'or aux nobles et aux riches marchands des pays méditerranéens.

▶ Les chats sont devenus dès lors un symbole de réussite sociale et étaient très bien soignés par leurs maîtres.

▶ Grâce aux Romains, les chats se sont répandus dans toute l'Europe. Ils ont alors pu mettre à profit leur exceptionnel talent de chasseurs de rats et de souris et étaient très appréciés de leurs maîtres.

▶ Cette époque dorée s'est poursuivie jusqu'au Moyen-Âge, où les chats ont acquis la réputation d'animaux malfaisants et diaboliques et ont été persécutés. Depuis toujours, les chats passent pour des animaux mystérieux et impénétrables.

Depuis toujours, les chats passent pour des animaux mystérieux.

Carte d'identité du chat

Le chat sauvage (*Felis silvestris,* p. 16) appartient à la classe des mammifères, ordre des carnivores *(Carnivora)*, famille des félins ou félidés *(Felidae)*. Les guépards, qui se distinguent en de nombreux points des autres félins, ont leur propre sous-famille *(Acinonychinae)*. Outre les *Acinonychinae*, la famille des félidés compte deux autres sous-familles : les panthérinés *(Pantherinae)*, qui regroupent les grands félins tels que le léopard, le jaguar, le tigre et le lion, et les félinés *(Felinae)*, qui ras-

Ce chat ressemble à s'y méprendre à ses cousins sauvages.

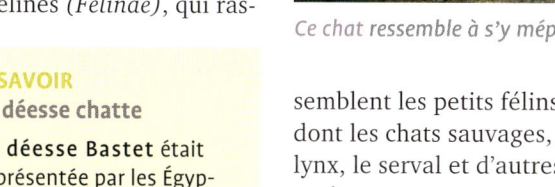

À SAVOIR
La déesse chatte

La déesse Bastet était représentée par les Égyptiens sous la forme d'une chatte ou d'une femme à tête de chat, après avoir été d'abord représentée avec une tête de lionne.
Les Égyptiens croyaient que les yeux du chat brillent dans le noir parce qu'ils capturent les rayons du soleil couchant.
La légende dit que Bastet combattait la déesse des ténèbres pendant la nuit.

semblent les petits félins, dont les chats sauvages, le lynx, le serval et d'autres espèces.

▶ **Les chats sauvages** sont largement répandus. On en rencontre de nombreuses sous-espèces en Afrique, en Europe et en Asie occidentale. Leur habitat est très varié : steppe, steppe désertique, bush, forêts de feuillus, forêts mixtes, plus rarement forêts de conifères. Leur survie est menacée par la destruction de leur habitat, la chasse et les croisements avec le chat domestique. Ainsi, « nos » chats sauvages sont également des animaux protégés.

▶ **Heureusement**, un nombre croissant de pays s'engage à préserver leur avenir, à favoriser leur reproduction ou à les réintroduire. Dans certains parcs naturels européens, les chats sauvages ont trouvé un habitat naturel et parviennent à se reproduire.

Origine

Des capacités fascinantes

Les chats sont des prédateurs par nature, qui chassent de petits animaux. Ils possèdent une morphologie et des capacités parfaitement adaptées à ce mode de vie. Ces excellents chasseurs s'approchent sans bruit de leurs victimes potentielles ou les guettent patiemment.

Un petit minet qui possède tous les attributs d'un grand carnassier.

Les sens du chat

Les sens les plus développés du chat sont la vue et l'ouïe, bien que le toucher joue également un rôle important pendant la nuit et lors de la la chasse.

▸ La vue. Les pupilles du chat rétrécissent sous l'effet de la lumière, jusqu'à prendre la forme de deux petites fentes verticales. Lorsqu'il fait sombre, elles sont grandes et rondes. Lorsqu'un rayon lumineux vient frapper les yeux du chat, ceux-ci semblent briller. Ce phénomène est dû à une couche réfléchissante située derrière la rétine, le *tapetum lucidum*. Ainsi, le chat peut utiliser de manière optimale le moindre rayon lumineux. Sa vision nocturne est bien meilleure que la nôtre, mais comme nous, il ne voit plus rien en cas d'obscurité totale.
Les couleurs ne jouent pas un rôle très important dans la vie du chat, mais notre matou parvient toutefois à faire la différence entre le rouge et le vert, ou le jaune et le bleu, par exemple.

▸ L'ouïe du chat est extrêmement développée. Il peut percevoir des sons très aigus (ultrasons) et très graves. La musique et les sons forts sont donc un véritable calvaire pour lui ! Ses pavillons mobiles lui permettent de localiser très précisément l'origine d'un son.

▸ Le toucher. Les longues moustaches mobiles (vibrisses) du chat sont des capteurs très sensibles qui perçoivent les courants d'air et l'aident à s'orienter dans le noir. Elles lui permettent par exemple de déterminer si un trou est suffisamment large pour s'y faufiler, ou à quel endroit donner le coup fatal à une souris. Outre la lèvre supérieure, le chat possède également des vibrisses sur les joues, au-dessus des yeux, sur le menton et sur les pattes antérieures.

▸ L'odorat du chat est supérieur au nôtre. Il possède des glandes sur le menton, les lèvres et le front à l'aide desquelles il nous « marque » à notre insu en se frottant à nous. L'odorat joue un rôle extrêmement important dans la communication des chats ; leurs sécrétions et leur urine servent à marquer leur territoire.

Les obstacles sont franchis tout en puissance et en souplesse.

La morphologie du chat

Son corps souple permet au chat une grande variété de mouvements : il peut sauter à plus d'un mètre de hauteur, tenir en équilibre sur des branches étroites ou se mettre en boule pour dormir. Ses griffes pointues, qu'il rentre lorsqu'il se déplace, lui servent à chasser et à escalader. Un chat ne perd l'équilibre et ne tombe que très rarement — et même lorsque cela lui arrive, il retombe toujours sur ses pattes lorsque la hauteur de chute est suffisante, car il parvient à se retourner en quelques fractions de secondes. En tant que carnivore, le chat possède une dentition caractéristique : ses canines ou crocs en forme de poignards lui servent à capturer et à tuer ses proies, ses molaires pointues — les plus grosses portent le nom de carnassières — servent à broyer la nourriture.

> **À SAVOIR**
> **Une affaire de goût**
>
> **Le goût** ne joue pas un rôle aussi important chez les carnassiers que chez les herbivores.
> **Les chats** font aussi bien la différence que l'homme entre l'acide, le salé et le sucré.
> **L'odorat** joue un rôle aussi important que le goût dans le choix de l'alimentation.
> **La plupart des chats** développent des préférences alimentaires d'autant plus rapidement que leur régime alimentaire n'est pas varié.

Capacités

Le caractère du chat

Les chats sauvages sont des solitaires qui marquent leur territoire avec leur odeur et des griffures sur les troncs d'arbre, et le défendent contre leurs congénères, surtout lorsqu'ils sont du même sexe. La femelle ne tolère un mâle sur son territoire qu'en période de reproduction. Elle élève seule ses petits, qu'elle met au monde dans un endroit abrité. Au bout de quelques mois, lorsqu'ils sont en âge de se nourrir seuls, elle les chasse de son territoire. Nos chats domestiques partagent de nombreux points communs avec leurs cousins sauvages, même si la domestication les en a éloignés sur certains aspects.

Un individualiste à la forte personnalité

Les chats sont des animaux indépendants qui ne vivent toutefois plus dans la solitude absolue que connaissent leurs cousins sauvages (p. 26). Contrairement aux chiens, ils n'ont pas le besoin impératif d'avoir un compagnon (humain ou congénère) présent en permanence à leurs côtés. Si les circonstances l'imposent, ils peuvent parfaitement s'en sortir seuls. Toutefois, s'il y a un animal dont on ne peut décrire le caractère en deux mots, c'est bien le chat car chacun est unique et surprenant.

Une double vie

Impossible d'enfermer les chats dans un stéréotype, ils présentent des caractères bien trop variés.

▸ Les chats vivant en liberté illustrent parfaitement ce principe. Auprès de leur maître, ce sont de petits amours, qui ont souvent gardé une part du chaton qui est en eux — et ont besoin de soins attentionnés, ou c'est tout du moins l'apparence qu'ils donnent.

Dès que minou veut quelque chose, il miaule comme un bébé. C'est sa façon de demander à sa mère de substitution de satisfaire ses besoins ou ses caprices.

▸ Une fois dehors, en revanche, le chat dévoile son côté sauvage. En franchissant sa chatière, il se transforme en prédateur qui poursuit ses proies avec souplesse et efficacité et les tue d'un coup de dents bien placé. La plupart de nos chats organisent des sortes de « conspirations » avec leurs congénères. Ils se retrouvent à l'occasion de mystérieuses réunions nocturnes, contrôlent un territoire plus ou moins étendu et se livrent à de bruyants jeux amoureux afin de perpétuer leur espèce (p. 62).

Une toilette de chat

Les chats sont des animaux très propres qui consacrent chaque jour beaucoup de temps à leur toilette.

Un pelage intact permet de maintenir la température corporelle constante. Il emprisonne l'air qui forme alors une couche isolante.

L'entretien du pelage contribue au confort et au bien-être du chat. Le fait de lécher ses congénères ou compagnons humains est un moyen de renforcer le sentiment de camaraderie.

Une ronde quotidienne : le chat fait chaque jour le tour de son territoire, qu'il couvre plusieurs kilomètres ou se limite à deux pièces.

Amitiés félines

Les chats sont des opportunistes, ils saisissent toutes les occasions qui s'offrent à eux et manifestent clairement leur mauvaise humeur.

▸ Ils se laissent éduquer dans une certaine mesure, mais personne ne peut les dresser. Ils considèrent l'homme comme un compagnon, une mère de substitution ou tout simplement un « ouvre-boîtes ».

▸ Le nombre et la proximité des contacts entre un chat et son maître dépendent naturellement du caractère de chaque animal, outre les caractéristiques de sa race. L'expérience que le chat a eue avec l'homme au début de sa vie, pendant sa croissance et pendant sa vie adulte, joue également un rôle important.

▸ Des liens étroits ne sont pas exclus et lorsqu'une personne, un congénère ou un chien a conquis le cœur du chat, ce dernier ressentira un manque pendant son absence.

À SAVOIR
Un animal flegmatique

Le chat passe la plus grande partie de la journée à dormir et à somnoler.
En moyenne, le chat se repose 16 heures par jour.
Puis il consacre toute son énergie à la chasse – à l'extérieur lorsqu'il a la possibilité de sortir, ou par des jeux à l'intérieur.
Ces petits tigres dorment parfois d'un œil ; ils réagissent alors au moindre bruit inhabituel.

Caractère

Des races très variées

Les chats de race se distinguent par leur apparence, mais également par leur comportement.

Comme chez les autres animaux domestiques, différents couleurs et types de pelage sont apparus chez le chat au fil du temps par le biais des mutations. Toutefois, l'élevage systématique des différentes races n'a débuté qu'il y a environ 200 ans. Les chats domestiques « classiques » ont le poil court et peuvent être de différentes couleurs. En revanche, les chats de race doivent répondre à un standard. Ainsi, ils doivent posséder des caractéristiques particulières (longueur du poil, couleur de la robe, forme de la tête et de chaque partie du corps), définies pour chaque race par les commissions internationales des associations félines. Les meilleurs représentants de chaque race sont récompensés à l'occasion d'expositions organisées par les associations d'éleveurs. On distingue les chats en fonction de leur type de poil : long, mi-long et court, ainsi que les rex à poil ondulé ; en outre, il existe différentes couleurs de robe, dont certaines constituent même une race. Voici le portrait de quelques races de chats parmi les plus appréciées.

L'Européen à poil court

Chat à poil court

Ce n'est pas par hasard si l'Européen à poil court ressemble à nos chats de gouttière – cette race est en effet issue des chats « de terroir » d'Europe centrale.

▶ Apparence et historique : l'élevage ciblé du chat de gouttière conformément à un standard a débuté seulement après la Seconde Guerre mondiale. L'Européen à poil court est un chat moyen à grand, robuste et souple. Son pelage est court et épais. Toutes les couleurs sont admises, à l'exception des robes Colourpoint (type Siamois). Le croisement avec les autres races est interdit !

▶ Caractère : l'Européen possède les mêmes traits de caractère que le chat de gouttière classique. Il est robuste et aime la liberté, est un excellent chasseur, mais est également affectueux et aime les enfants — c'est le chat idéal pour toute la famille.

▶ Signe particulier : le croisement avec le Persan a fait évoluer son type. Depuis 1982, les lignées croisées avec le Persan sont appelés « British Shorthair ».

Le Persan

Chat à poil long

La race persane est certainement l'une des plus connues. Une variante originaire des États-Unis, dénommée « peke face » (face de Pékinois), possède une face extrêmement plate.

▶ Apparence et historique : le chat Persan est issu du croisement du chat à poil long de Perse et du chat angora turc, introduits en Italie au XVIIe siècle. À partir du XIXe siècle, un élevage ciblé a permis de donner naissance à un chat de taille moyenne à grande, à la tête ronde et à la fourrure épaisse et soyeuse. Il existe aujourd'hui une grande diversité de couleurs.

▶ Caractère : les Persans sont des chats calmes, équilibrés, modérément épris de liberté. Ils se montrent très tendres et affectueux envers la personne qui les soigne.
Du fait de leur caractère paisible, ils s'entendent à merveille avec leurs congénères et avec les chiens. Leur miaulement est doux et agréable.

▶ Signe particulier : sans un brossage quotidien, leur fourrure s'emmêle rapidement !
Un bain est nécessaire à l'occasion pour enlever les résidus gras et les squames.

L'Himalayen

Chat à poil long

Ce chat à poil long, dont la robe rappelle celle du Siamois, a porté pendant un temps le nom de « khmer » en Allemagne et a pris plus tard le nom de « Persan Colourpoint ». Aux États-Unis, il porte le nom d'Himalayen *(himalayan)*.

▶ Apparence et historique : l'Himalayen est le fruit d'une expérience génétique visant à obtenir une fourrure particulière : dans les années 20, les scientifiques ont commencé à croiser des Siamois et des Persans. Une race possédant les longs poils du Persan et la robe Colourpoint (masque et extrémités des membres plus foncés) caractéristique du Siamois a finalement été créée par le biais de rétrocroisements et d'un élevage systématique.

▶ Caractère : c'est un chat affectueux et calme, qui se sent à son aise même dans une petite habitation. C'est un compagnon idéal. Son lien de parenté avec le Siamois ressort dans son caractère plus vif et joueur que celui du Persan.

▶ Signe particulier : son sous-poil est plus fin que celui du Persan, mais également plus facile à entretenir. Le brossage quotidien n'est donc pas nécessaire !

L'Exotic Shorthair

L'Exotic Shorthair est un chat d'intérieur idéal. De taille moyenne à grande, il allie la morphologie équilibrée du Persan à la facilité d'entretien d'un chat à poil court.

▸ Apparence et historique : l'Exotic Shorthair est né dans les années 60 aux États-Unis d'un croisement entre l'American Shorthair et le persan. Pour conserver le type – trapu, avec une tête ronde sur un petit cou, des pattes courtes et robustes et une fourrure pelucheuse – de nouveaux croisements avec le Persan ont été effectués. Les couleurs sont les mêmes que pour le Persan.

▸ Caractère : si cette race présente de nombreux points communs avec ses cousins Persans, elle possède un tout petit peu plus de tempérament. L'Exotic Shorthair est un compagnon idéal ; il est affectueux, câlin et joueur. Il se sent tout aussi à son aise dans les petites habitations.

▸ Signe particulier : les portées comptent parfois des chatons à poil long. Les poils longs apparaissent uniquement lorsque les deux parents sont porteurs du gène, qui est récessif.

Le Maine Coon

Il doit son nom à sa queue touffue, qui évoque celle du raton laveur (en anglais, *racoon*). Il est le chat national de l'État du Maine (États-Unis), dont il est originaire.

▸ Apparence et historique : ce grand chat robuste (les mâles pèsent jusqu'à 10 kg, les femelles jusqu'à 6) a su s'accommoder à la rudesse du climat du nord des États-Unis. Sa fourrure hydrophobe dotée d'un sous-poil épais lui offre une protection idéale contre les intempéries. Sa collerette épaisse et ses oreilles surmontées de plumeaux *(lynx tips)* sont caractéristiques.

▸ Caractère : le Maine Coon est un chat amical et sociable. Il est très vif et reste joueur jusqu'à un âge très avancé. Doux et patient, c'est un compagnon de jeu idéal pour les enfants. Il est assez « bavard », mais son miaulement est étonnamment doux. Il aime sortir par tous les temps.

▸ Signe particulier : c'est le chat idéal pour toute la famille. Malgré sa longueur, sa fourrure s'entretient bien et il n'est pas difficile du point de vue de l'alimentation. Il s'entend plutôt bien avec les chiens comme avec les autres chats.

Le Siamois

Le Siamois est l'une des races les plus anciennes et les plus connues au monde. Dès le XIVe siècle, c'était un chat apprécié des classes supérieures en Thaïlande, qui s'appelait à l'époque le Siam.

▸ Apparence et historique : ces chats sveltes aux yeux bleus ont été introduits en Europe au XIXe siècle, et l'élevage n'a pas tardé à suivre. Son « masque » caractéristique est dû à une mutation génétique : les poils sont foncés au niveau des zones les plus froides du corps – face, oreilles, queue et pattes. À la naissance en revanche, les Siamois sont entièrement blancs !

▸ Caractère : les Siamois sont extravertis et affectueux, ils aiment le contact physique avec leur compagnon humain. Lorsqu'ils veulent jouer ou être caressés, ils attirent l'attention de leur maître par un miaulement assez fort – rares sont les chats aussi « bavards ».

▸ Signe particulier : lorsque plusieurs Siamois cohabitent, il se noue entre eux des relations étroites. On les voit alors se toiletter mutuellement, jouer ensemble et dormir les uns contre les autres.

Le Chartreux

Dans le langage courant, on nomme souvent « Chartreux » le British Shorthair bleu. Ce sont pourtant deux races bien distinctes.

▸ Apparence et historique : les origines du Chartreux remontent au Moyen-Âge, en France. Le « chat des Chartreux » est mentionné pour la première fois au XVIIIe siècle. Le premier standard a été défini en 1935. Ce chat se caractérise par sa fourrure aux reflets bleutés et ses yeux jaune foncé à cuivrés. Les mâles sont plus gros que les femelles et leurs joues plus pleines.

▸ Caractère : le chartreux possède un caractère calme et tranquille, qui en fait un compagnon agréable. Lorsqu'il a la possibilité de sortir, il s'avère être un chasseur de souris hors pair. Du fait de sa fourrure épaisse, il a plus de mal à supporter la chaleur que la neige et le froid.

▸ Signe particulier : le Chartreux ressemble énormément au British Shorthair bleu. Toutefois, le Chartreux possède une silhouette plus gracile et les reflets de sa fourrure tirent davantage sur le bleu-argent.

Les questions à se poser

L'arrivée d'un animal domestique bouleverse plus ou moins la vie de ses maîtres. Ils se retrouvent soudain face à une responsabilité quotidienne et doivent répondre aux besoins de leur petit compagnon. Alimentation, aménagement d'un environnement adapté, activités... mais cela ne s'arrête pas là. Le chat exige d'avoir son « ouvre-boîtes », qu'il va accaparer plus ou moins en fonction de son caractère. Discutez de votre projet d'adoption en famille, afin de déterminer si un chat convient vraiment à votre mode de vie.

Une fine équipe ?

Si vous pouvez répondre par l'affirmative aux questions suivantes, c'est que vous êtes prêt à accueillir un petit félin.

▸ Disposez-vous du temps nécessaire ? tes-vous en mesure de consacrer chaque jour du temps à votre chat et à jouer avec lui ?

▸ Une personne de confiance parmi vos amis ou votre famille peut-elle s'occuper de votre chat pendant vos vacances ? La majorité des minous ont du mal à supporter les séjours en pension.

▸ Avez-vous les moyens de payer les frais de vétérinaire, notamment si ces derniers représentent plusieurs fois la valeur d'achat de votre animal ?

▸ Avez-vous de la place pour installer une litière, et êtes-vous prêt à la nettoyer quotidiennement ?

▸ Êtes-vous sûr qu'aucun membre de votre famille ne souffre d'allergies aux poils d'animaux ?

Les chats ont la tête dure et savent ce qu'ils veulent.

Le prix à payer pour ce spectacle attendrissant… quelques poils sur les meubles.

Les chats et les enfants

Les chats, qui restent souvent joueurs jusqu'à un âge très avancé, sont des compagnons idéaux pour les enfants. Ils se montrent très tolérants envers leurs camarades de jeu, mais si l'enfant se montre trop rude ou que le jeu dure trop longtemps, l'animal s'enfuira ou se défendra. Votre enfant apprendra ainsi à être à l'écoute d'un autre être vivant et à respecter son autonomie. Les chats apportent ainsi une contribution précieuse à l'éducation des enfants ! L'enfant se fera parfois griffer en chahutant avec le chat – mais il guérira vite, et cela n'altérera en rien leur amitié. Les enfants plus âgés peuvent contribuer aux soins du chat et apprendre à être responsables d'un animal, tout en s'amusant.

À SAVOIR
Si vous vivez en location

Le bail ne peut contenir de clause vous interdisant de posséder un animal familier. Toute clause de ce type est nulle.
Mais vous serez responsable des éventuelles nuisances causées par votre animal.

Questions

Où trouver son chat ?

Plusieurs possibilités s'offrent à vous si vous souhaitez adopter un chat. Selon que vous choisissez un chat de race ou un chat de gouttière « classique », vous n'irez pas forcément au même endroit.

Le chat de vos rêves vous attend certainement dans un refuge.

En animalerie

C'est la première possibilité mais vous n'y trouverez pas forcément un animal d'une race précise.

Chez un éleveur

Si vous souhaitez acquérir un chat de race, adressez-vous directement à un éleveur sérieux (vous pourrez obtenir des adresses auprès des associations félines). Vous serez sûr d'avoir un animal en bonne santé, qui a reçu tous les vaccins et les traitements vermifuges nécessaires. Vérifiez toutefois soigneusement les conditions d'élevage et les soins apportés à l'animal.
▶ Chez les chats à poil long, l'état de la fourrure en dit long sur l'implication de l'éleveur. Une fourrure soignée, sans nœuds ni parasites est un gage de sérieux.
▶ Les conditions d'hébergement des animaux sont essentielles : ont-ils suffisamment de place ? Vivent-ils avec l'éleveur ou dans un environnement intéressant avec beaucoup de contacts humains ? Les chatons viennent-ils vers vous sans crainte pour jouer ?

▶ Regardez tous les animaux présents : s'ils végètent dans de petites cages, ne vous laissez pas attendrir et n'achetez surtout pas d'animal pour ne pas encourager cet éleveur à poursuivre ses activités ! Un éleveur sérieux s'efforcera toujours de donner le meilleur départ dans la vie possible à ses chatons, et posera éventuellement des questions sur leur futur lieu de vie.

Chez un particulier

La plupart du temps, les chats se reproduisent de manière presque incontrôlée à la campagne, et on trouve souvent des chatons à donner dans les exploitations agricoles. Bien évidemment il s'agit rarement de chats de race, et les chatons sont donc donnés. Vous pouvez également consulter les petites annonces dans les journaux, vous y trouverez des annonces concernant des chats de toute race et de tout âge que leurs propriétaires donnent ou vendent pour diverses raisons.

Difficile de ne pas craquer devant ces grands yeux vifs. Gardez votre esprit critique !

Dans un refuge

Vous trouverez dans les refuges des chats de toutes les couleurs et de toutes les tailles, jeunes ou vieux, mâles ou femelles, à adopter. La plupart de ces malheureux attendent depuis longtemps qu'une famille veuille bien les accueillir.

Ils sont vaccinés contre les maladies courantes et sont stérilisés dès qu'ils ont l'âge requis. Il arrive souvent que deux chats vivant ensemble dans le même enclos

deviennent bons amis ; ainsi, il n'est pas nécessaire de les habituer l'un à l'autre. Le personnel du refuge pourra vous donner davantage d'informations sur les animaux et vous présenter les petites particularités de chacun.

Trouver son chat

Bien choisir son compagnon

Votre chat va partager votre vie durant de nombreuses années. Vous devez donc bien réfléchir au type de chat qui vous conviendra le mieux à vous ainsi qu'à vos colocataires à deux ou quatre pattes.

Deux, c'est encore mieux !

Les ancêtres sauvages de nos chats domestiques étaient solitaires. Toutefois, la domestication les a rendus un peu plus « sociables » : aujourd'hui, les chats adultes se montrent plus tolérants envers leurs congénères, et recherchent parfois même leur compagnie. Il y a de nombreux avantages à posséder deux chats : leur entretien ne donne pas vraiment plus de travail que celui d'un chat seul et on peut les laisser toute la journée sans culpabiliser, car ils peuvent jouer ensemble. Ainsi, ils ne s'ennuient pas et font donc moins de bêtises. Ils se toilettent mutuellement, se lèchent les oreilles et dorment souvent blottis l'un contre l'autre. Des problèmes peuvent se poser si l'on adopte un deuxième chat plus tard, car le premier risque de mal réagir à cette intrusion sur son territoire (p. 40).

Quel sexe ?

Le sexe d'un chat n'a pas vraiment d'influence sur son caractère : un mâle peut être tout aussi querelleur, câlin, renfrogné ou affectueux qu'une femelle. Les mâles ont l'air plus imposant et sont souvent plus gros que les femelles, mais là aussi il existe des différences considérables entre les animaux.

▶ **Les chats non castrés** sont les seuls à avoir un comportement vraiment différent : ils marquent leur territoire avec leur urine. Lorsqu'ils vivent en liberté, ils se battent souvent et il n'est pas rare de les voir revenir avec des blessures. Ils vagabondent davantage et s'éloignent souvent beaucoup de leur domicile pour trouver une femelle.

▶ **Les chattes** sont en chaleur plusieurs fois par an. Pendant ces périodes, elles se montrent agitées, miaulent beaucoup et peuvent éventuellement marquer leur territoire.

Une question d'âge

Les chatons doivent être âgés de 8 à 12 semaines au minimum avant d'être séparés de leur mère, afin de pouvoir se socialiser

---

Deux chats

Toutes les combinaisons de sexe sont possibles. Leur bonne entente dépendra de leur caractère.

Les chats issus d'une même portée ou élevés ensemble dès leur plus jeune âge s'entendront bien.

Si l'on souhaite un couple, il convient de faire castrer le mâle en temps voulu (p. 63) afin d'éviter des portées non désirées !

Amitiés fraternelles : deux chatons ne s'ennuieront jamais ; ils peuvent découvrir le monde, dormir et jouer ensemble.

normalement. À cet âge, les petits chats sont irrésistibles, mais vous devez savoir qu'un être aussi jeune a besoin d'énormément d'attention et donne plus de travail qu'un chat adulte (par exemple, il doit être nourri plus souvent). C'est pourquoi vous pouvez envisager d'adopter un chat déjà adulte ou deux chats plus âgés habitués l'un à l'autre. Les chats adultes peuvent également vous apporter beaucoup de joie et on peut savoir avant même leur adoption si leur caractère correspond à nos attentes.

En règle générale, les chats ont une espérance de vie comprise entre 15 et 18 ans. On peut donc vivre encore de nombreuses belles années avec un animal âgé de 10 ans. Pour celui qui n'a jamais possédé de chat, il peut être judicieux d'acquérir de l'expérience avec un animal à la personnalité déjà formée.

Choisir son chat

Faire
le bon choix

Accueillir un chat est une décision lourde de conséquences. Laissez-vous suffisamment de temps. Il vaut la peine d'observer les candidats à l'adoption manger, jouer ou se câliner : chaque chat possède en effet ses propres particularités.

Les informations que vous obtiendrez et les services dont vous bénéficierez lors de l'adoption de votre chat ne seront bien évidemment pas les mêmes si vous choisissez un chaton né dans une grange ou de race — le prix non plus d'ailleurs.
Le chaton né chez un agri-culteur ne coûte rien, mais il peut devenir le meilleur des compagnons. Toutefois, il ne faut pas s'attendre à ce qu'il soit vacciné et vermifugé, ni à recevoir d'informations détaillées. Dans tous les autres cas, le vendeur doit vous remettre le carnet de vaccination et éventuelle-ment son pedigree. Vérifiez également le sexe du chat : les femelles possèdent une vulve oblongue située près de l'orifice anal. Chez les mâles, l'écart est plus impor-tant et l'orifice sexuel est plutôt arrondi. Avant la castration, les testicules sont visibles.

1 ◄ **Caractère** Insistez auprès de l'éleveur pour pouvoir observer la mère des chatons. Si la chatte se montre très craintive envers l'homme, ses chatons n'auront pas non plus confiance et il leur faudra du temps pour s'habituer à vous. Vous devez également choisir un chat qui vous convienne du point de vue du caractère. Un « petit diable » aura souvent besoin de jouer davantage qu'un matou calme et peut-être un peu plus âgé.

▸ **Santé** Les chats en bonne santé ont une fourrure épaisse et brillante, des yeux vifs, s'intéressent à leur environnement et à leurs compagnons humains (à moins qu'ils n'aient eu une mauvaise expérience avec ces derniers). Ils possèdent une bonne coordination et un excellent appétit. Voici quelques signes qui peuvent laisser soupçonner une maladie : un nez qui coule, des paupières collées, une inflammation des oreilles, des plaques de peau sans poils ou un orifice anal souillé d'excréments. Même si un seul chat de la maisonnée semble malade, adressez-vous à un autre éleveur : les autres chats pourraient très bien être aussi contaminés.

◂ **Apparence** La couleur de votre chat est une simple affaire de goût. Sa fourrure peut être rayée de gris ou de roux, blanche ou noire. Toutes les combinaisons sont possibles. Sachez toutefois que les chats écaille de tortue ou tricolores sont toujours des femelles ! Les chats blancs sont souvent sourds. Il s'agit d'une tare héréditaire ; prenez donc bien soin de vérifier leur audition. Au final, fondez-vous plutôt sur le caractère du chat plutôt que sur son apparence pour faire votre choix.

Le bon choix

Vivre ensemble

Tout pour mon matou

La plupart des habitations n'ont pas besoin de subir de grandes transformations pour qu'un chat s'y sente bien. Quelques accessoires vous permettront de créer un environnement idéal pour votre matou. Privilégiez la qualité parmi les nombreux articles disponibles en animalerie.

Un peu de shopping

Voici quelques accessoires que vous pouvez ajouter sur la liste des courses pour votre nouveau compagnon :
▸ **Les écuelles en céramique vernie** conviennent parfaite-

L'herbe à chat permet de préserver vos plantes.

ment, elles sont stables et faciles à nettoyer. Les grandes écuelles en plastique dotées d'un socle antidérapant en caoutchouc sont également très pratiques. Vous avez besoin de trois écuelles au minimum : une

pour les aliments frais, une pour les aliments secs et une pour l'eau.
▸ **Les bacs à litière en plastique** ont fait leurs preuves. Ils doivent mesurer idéalement 30 x 40 ou 40 x 50 cm. Une hauteur de 10 à 15 cm et un rebord incurvé amovible sont préférables, pour éviter que la litière se répande à l'extérieur lorsque le chat gratte. Pour les chatons, le bac doit toutefois être moins haut. Une « maison de toilette » avec un couvercle amovible est particulièrement adaptée aux animaux qui urinent debout ou qui grattent énergiquement la litière. Toutefois, elle peut s'avérer inconfortable pour les gros chats !
▸ **La litière** doit absorber les odeurs, ne pas contenir d'amiante et ne pas dégager de poussière. Les litières agglomérantes, comme leur nom l'indique, agglomèrent les déjections, formant des

Les chats aiment se réfugier dans leur endroit de prédilection.

boules faciles à nettoyer. Elles sont plus chères à l'achat, mais économiques à l'usage.

▸ La cage de transport est un accessoire indispensable, car même un animal en bonne santé doit consulter régulièrement un vétérinaire. Une cage en plastique est idéale : elle est stable, facile à transporter et retient le vomi ou l'urine. La partie supérieure doit être amovible — ainsi, le vétérinaire peut traiter le chat directement dans la cage. La fixation et la serrure de la porte doivent également résister aux assauts d'un chat vigoureux ! Les paniers en

À SAVOIR

Les chatières

Pour les chats vivant en liberté, une chatière a toute son utilité. Elle permet à l'animal d'entrer et sortir de manière autonome. Les chatières électroniques fonctionnent avec un collier à infrarouge : ainsi les « visiteurs » indésirables restent à la porte ! Dans la maison, une chatière simple installée entre deux pièces dans lesquelles votre chat se trouve souvent peut vous éviter d'avoir à lui ouvrir constamment la porte.

osier sont également appréciés des chats pour dormir. Par contre, on aura du mal à y faire entrer ou à en faire sortir un chat récalcitrant, qui va planter ses griffes dans les entrelacements ! Il en va de même avec les cages métalliques, qui n'offrent ni protection contre les intempéries ni sécurité.

▸ Un arbre à chat ou un griffoir garni de sisal ou de morceaux de moquette permet au chat de faire ses griffes. Outre les modèles simples, il existe dans le commerce des arbres à chat à plusieurs niveaux avec des niches et des plateformes intégrées. L'arbre à chat doit être stable ! Pour des raisons de sécurité, vous pouvez le fixer au mur avec des crochets. Vous pouvez

également fabriquer votre propre arbre à chat, à l'aide de planches en bois et de chutes de moquette, conçu sur mesure pour votre habitation. La solution la moins encombrante consiste à accrocher au mur un griffoir recouvert de sisal.

▸ Un panier n'est pas indispensable, car votre chat dormira de toute façon où il veut. Toutefois, les niches douillettes sont souvent très appréciées.

▸ Un peigne à dents arrondies et une brosse en soies naturelles sont indispensables pour entretenir la fourrure des chats, à poil long notamment.

▸ L'herbe à chat aide à régurgiter les poils avalés : un chat d'intérieur doit toujours en avoir à sa disposition.

Les achats nécessaires

Se faire
un nouvel ami

Bien à l'abri dans sa cage de transport douillette, votre nouveau compagnon est en route pour sa nouvelle demeure. Veillez à ce que votre matou soit bien à l'abri des courants d'air, du froid, de la pluie ou de la chaleur, et parlez-lui calmement.

Les chats ne sentent pas à leur aise dans un environnement inconnu, et les chatons souffrent souvent de la séparation d'avec leur mère et leurs frères et s œurs. Laissez à votre chat le temps de s'habituer à son nouvel environnement. Ouvrez simplement la porte de la cage, et attendez patiemment qu'il se décide à sortir. Si votre habitation est grande, mieux vaut l'installer dans une pièce calme avec des endroits pour se cacher et se percher et facilement accessibles pour vous en cas d'urgence. Les premiers jours, installez sa caisse et nourrissez-le dans cette pièce. Bien sûr, tous les membres de la famille sont curieux, mais il est préférable de ne laisser entrer qu'une seule personne à la fois dans la « pièce du chat ».

① ◄ Les premiers temps, évitez les mouvements brusques et les bruits trop forts à proximité du chat. Parlez-lui calmement et amicalement, mais ne le regardez pas fixement, les regards appuyés étant perçus comme une menace. Tendez votre main vers lui, de manière qu'il puisse la flairer. Toutefois, n'essayez pas d'extraire le chat apeuré de sa cachette, de le caresser contre sa volonté ou de le prendre dans vos bras, mais attendez patiemment qu'il vienne de lui-même et établisse un contact avec vous.

2 ◄ **Les chats adoptés dans un refuge** ont parfois besoin de beaucoup de temps avant d'accorder leur confiance. Montrez-vous particulièrement patients avec ces animaux – ils vous le revaudront ! Notre chat Menelaus, qui avait été trouvé, s'est caché pendant une semaine et refusait de manger, mais au bout de 10 jours il a commencé à ronronner tout en gardant ses distances. Au bout d'un mois il avait confiance et n'hésitait plus à venir sur nos genoux !

▶ **La patience paie.** La plupart du temps, les chatons acceptent rapidement leur nouveau maître comme « mère de substitution » ; chez les chats plus âgés, il faut un peu plus de temps. Lorsque le chat commence à vous faire confiance, ne lui en demandez pas trop. Laissez-le venir quand il en a envie et cessez les jeux et les caresses dès qu'il en a assez. Toutefois, posez les interdits dès le départ, comme faire ses griffes sur les meubles ou mordre.

3

4 ▲ **Une friandise ou un objet en mouvement** (lorsqu'ils sont d'humeur joueuse) sont très tentants pour de nombreux chats : une boule de papier attachée à une ficelle, une canne à pêche avec des plumes ou une boule cage que l'on laisse rouler sur le sol, conviennent parfaitement.

Créer des liens

Comprendre son chat

Les chats émettent des sons très variés, mais ils expriment également leur humeur et leurs besoins par des mimiques et un langage corporel varié. Si vous passez beaucoup de temps à vous occuper de votre matou, son comportement n'aura bientôt plus de secrets pour vous.

En miaulant, ces chatons réclament de l'attention.

Le langage sonore

Le répertoire sonore étendu du chat plonge ses racines dans le langage employé par le chaton pour communiquer avec sa mère. Une fois adulte, il conserve ce langage et l'enrichit avec les « expressions » des chats adultes.

▸ **Le miaulement** d'un chat peut avoir diverses significations : il peut exprimer sa faim, demander de l'attention, demander qu'on lui ouvre la porte. Il peut également exprimer un doux appel ou un salut. Vous apprendrez à reconnaître toutes ces nuances en observant bien votre chat.

▸ **Lors des combats de chats** (pour leur territoire notamment), on peut entendre des grondements menaçants, des glapissements et des cris allant crescendo ou decrescendo.

▸ **Les feulements,** les crachements et les grondements signifient que le chat a peur, mais est prêt à se défendre. Il pousse parfois un hurlement guttural.

Les jeunes chatons qui se sentent abandonnés ou menacés poussent souvent des cris plaintifs. Si la mère est dans les parages, elle se précipite à leur secours.

▸ **Les chats adultes** poussent des cris similaires lorsqu'ils ont très mal.

▸ **À la fin de l'accouplement,** la chatte pousse un cri de douleur perçant.

▸ **Le ronronnement** traduit une humeur amicale. Lorsque le chat se sent particulièrement bien, il reproduit le comportement des chatons pendant la tétée : il sort et rentre les griffes de ses pattes antérieures alternativement. C'est ainsi que les chatons tétant leur mère stimulent la sécrétion de lait. Le ronronnement peut également traduire une demande de bienveillance, lorsque le chat est blessé et qu'il a besoin de l'aide de l'homme.

▸ **Le chat peut claquer des dents,** quand il fait face à un dilemme. C'est souvent le cas lorsqu'il guette une proie particulièrement intéressante (un oiseau par exemple) qui est proche mais toutefois hors de portée. Il donne alors la morsure fatale, mais dans le vide !

Les oreilles dressées *et l'extrémité de la queue qui tressaille sont synonymes d'attention soutenue de la part du chat.*

Le langage corporel

▶ **Les mouvements de queue**
Un chat amical salue son maître en dressant sa queue. Le tressaillement de l'extrémité de la queue montre que le chat est très attentif, des mouvements violents traduisent l'agitation (conflit entre deux impulsions contradictoires) ou l'agressivité. Une queue hérissée est synonyme de très grande crainte.

▶ **L'attitude corporelle :** si le chat fait de lentes allées et venues dressé sur ses pattes, c'est qu'il cherche à impressionner un rival ; en hérissant les poils de son dos, il cherche à paraître plus imposant. Il fixe son opposant d'un air menaçant. Une patte levée signifie qu'il est prêt à se défendre. Lorsqu'il fait le gros dos (pattes tendues, dos courbé, poil hérissé), il présente son profil à son adversaire. Cette attitude est un mélange d'agressivité et de crainte. Si la crainte prédomine, le chat se tapit au sol, les oreilles et la queue plaquées. Lorsqu'ils dorment, la plupart des chats se roulent en boule. D'autres préfèrent se mettre sur le côté ou sur le dos, les pattes avant recourbées.

À SAVOIR
Des oreilles très expressives

Chez un chat détendu, les oreilles sont dirigées vers l'avant et tournées légèrement vers l'extérieur.
Si un bruit attire l'attention du chat, les oreilles s'orientent directement vers l'avant.
Dans les situations de conflit, le chat bouge nerveusement les oreilles.
Un chat sur la défensive aplatit ses oreilles à l'arrière de la tête.
Un chat d'humeur agressive tourne ses oreilles sur le côté. L'arrière des oreilles devient visible.

Communiquer

Le bon comportement

Nos matous ont une idée précise de ce qui leur plaît ou pas. Vous devez prendre leurs besoins en considérations, mais aussi parfois fixer des limites.

Respecter ses envies

Les chats montrent leur attachement de différentes manières : ils se frottent contre les jambes, donnent des petits coups de tête, s'installent sur les genoux en ronronnant ou ne lâchent pas leur maître d'une semelle. La plupart des matous aiment être caressés – uniquement lorsqu'ils en ont envie, bien évidemment. Dans les relations avec votre chat, vous devez prendre en compte son humeur du moment et le type de marques d'affection qu'il préfère ! S'il se sent négligé, il va attirer votre attention en miaulant. Contrairement à une idée reçue, les chats ne sont pas seulement attachés à leur maison. Ils font parfaitement la différence entre les amis et des inconnus et reconnaissent des bons amis même après des années. Ils ont souvent une préférence pour l'un des membres de la famille (pas forcément « l'ouvre-boîtes » d'ailleurs !). On ne peut obtenir par la force l'amour d'un chat ; la meilleure façon de le conquérir consiste à beaucoup s'occuper de lui et à accepter ses particularités.

Le prendre correctement dans les bras

Pour prendre votre chat dans les bras, saisissez-le avec les deux mains juste derrière les pattes avant et soulevez-le. Si l'animal n'a pas envie que vous le souleviez, il va tenter de s'agripper au sol. Vous l'attraperez donc plus facilement si le sol est lisse !

▸ **Lorsque vous portez votre chat,** soutenez ses pattes arrière avec une main et maintenez l'animal de l'autre. Tenez-le légèrement serré contre votre poitrine. De nombreux chats aiment être tenus dans les bras ; notre Binnaburra se tournait sur le dos et laissait sa tête tomber en arrière pour se faire gratter le ventre.

▸ **D'autres chats n'apprécient pas d'être portés** et se débattent pour se libérer. Ils sortent d'ailleurs souvent les griffes. Reposez l'animal dès qu'il commence à s'agiter pour éviter toute blessure.

La toilette

C'est surtout la mère qui apprend à ses chatons à utiliser le bac à litière (voir p. 60).

Présentez le bac à litière à votre chat. Placez le chaton à l'intérieur lorsqu'il commence à s'agiter et effectuez éventuellement des mouvements de grattage avec ses pattes dans la litière.

Vous ne devez en aucun cas punir un chat qui a fait ses besoins en dehors de la litière. Nettoyez soigneusement.

À SAVOIR
Appeler son chat

De nombreux chats apprennent à répondre à l'appel de leur maître. Cela peut être très utile si le chat est habitué à sortir. **Ils répondent** d'autant plus volontiers à votre appel qu'il y a de la nourriture à la clé. **Les friandises** peuvent s'avérer particulièrement utiles lors des exercices. Il peut s'agir de friandises achetées en animalerie ou d'un petit morceau de blanc de poulet cuit.

Les jeux sont admis mais il est interdit de mordre les doigts !

Peut-on dresser un chat ?

Le succès des tentatives de dressage dépend du caractère de l'animal et de la patience de son propriétaire.

▸ **Les chats sont entêtés** et pas toujours prêts à se soumettre aux hommes, mais la plupart du temps, le maître et son chat parviennent à un compromis.

▸ **Une règle fondamentale : être cohérent !** Si vous ne voulez pas que vos meubles soient griffés, chassez systématiquement le chat ou placez-le devant son arbre à chat dès qu'il commence à faire ses griffes sur le canapé. La plupart des chats comprendront rapidement ce que vous attendez d'eux et respecteront les règles établies... Tant que vous les ferez respecter !

▸ **Ne frappez jamais votre chat** lorsqu'il fait une bêtise, il pourrait prendre peur de votre main. Mieux vaut l'effrayer en criant ou en l'aspergeant d'eau avec un vaporisateur. La plupart des chats finissent par comprendre la signification d'un « non » ferme. Occupez-vous beaucoup de votre matou car les chats qui s'ennuient ont tendance à faire des bêtises !

N'admettez pas les comportements qui pourraient s'avérer gênants plus tard.

Amitiés félines

Les chats ne mènent pas une vie si solitaire qu'on le dit. De nombreux matous nouent des amitiés très fortes avec leurs congénères, voire avec des chiens, dorment et font les quatre cents coups avec eux. Peu de chats préfèrent rester seuls et ont véritablement mauvais caractère.

Un chat et un chien peuvent devenir d'excellents amis.

Habituer deux chats l'un à l'autre

Lorsque deux chats doivent cohabiter, l'idéal est de les adopter en même temps. La meilleure solution consiste à adopter deux chats déjà habitués l'un à l'autre.

▸ **Deux jeunes chats** qui ne se connaissent pas et adoptés à court intervalle s'acceptent rapidement la plupart du temps et s'entendent durablement.

▸ **Faire cohabiter deux ou plusieurs chats plus âgés** peut être plus délicat, mais avec de la patience, c'est dans la plupart des cas possible.

▸ **Un chat adulte** qui n'a jamais été habitué à partager « sa » maison avec un congénère se montrera souvent peu accueillant envers un chat introduit sur son territoire. De nombreux chats adultes ont même peur des chatons! Vous pouvez gâcher les vieux jours de votre chat en lui imposant son « successeur ».

▸ **Le premier chat** a l'avantage de jouer sur son propre terrain et dominera le nouveau venu si celui-ci n'est pas plus gros, plus fort ou plus sûr de lui.

▸ **Le nouveau chat** doit avoir la possibilité de s'acclimater seul dans une pièce avant d'être mis en présence du second animal.

▸ **N'intervenez pas** lors de la première rencontre. Tant que les animaux ont la possibilité de fuir ou se cacher, aucune blessure grave n'est à craindre.

▸ **Si vous devez intervenir,** demandez à quelqu'un de vous assister et prévoyez deux paires de gants en cuir.

▸ **Ne délaissez pas votre premier chat** (il deviendrait jaloux!), mais partagez les caresses entre les deux.

▸ **Il arrive que deux chats ne s'entendent jamais.** Si votre habitation est petite et que les deux chats ne peuvent faire autrement que de se croiser, ce qui conduit inévitablement à des bagarres, il est préférable de chercher un nouveau foyer pour le nouveau chat.

Les autres animaux

Il est possible d'habituer un chat et un chien l'un à l'autre. Ils deviennent même souvent bons amis lorsqu'ils grandissent ensemble. Si le

Des chats amis ne se sentent jamais seuls et dorment volontiers ensemble.

chien arrive plus tard, vous ne devez donner aucune raison au chat de se sentir négligé : il pourrait devenir jaloux !

▶ Veillez à ce que le chien n'importune pas le chat, qu'il respecte ses endroits favoris et ne se montre pas trop fougueux. La plupart des chats vont faire face à un chien qui s'approche lentement vers eux et prendre une posture menaçante. Si le chien les flaire, ils vont passer à l'attaque toutes griffes dehors et le chien risque de se retrouver avec la truffe griffée. Allez chercher le chien avant que cela ne se produise, et isolez-le par mesure de sécurité.

À SAVOIR
Les proies

Le chat peut attaquer les petits rongeurs, les oiseaux et les lapins laissés en liberté.
Il est donc recommandé d'installer les petits mammifères dans une cage résistant aux assauts du chat.
Mieux vaut laisser vagabonder les petits animaux en l'absence du chat.
Les aquariums doivent être munis d'un couvercle solide, sinon votre chat risque d'aller à la pêche ou de prendre un bain !

Amitiés

Le laisser partir à l'aventure ?

Le vagabondage fait partie intégrante du mode de vie du chat et est certainement moins monotone que de passer toute la journée à la maison.

Les avantages et les inconvénients

Les chats en liberté utilisent moins le bac à litière et peuvent faire leurs griffes sur les arbres. Ils épargnent ainsi du travail à leur propriétaire et lui évitent l'achat d'un griffoir. Mais ils mènent sans aucun doute une vie plus risquée que les chats d'intérieur et vivent généralement moins vieux — toutefois, les plus prudents peuvent tout de même atteindre un âge avancé.

▶ **Les cadeaux.** Si votre chat est un bon chasseur de souris, il peut arriver qu'il vous tire du lit pendant la nuit par quelques miaulements caractéristiques (correspondant aux miaulements de la chatte qui appelle ses petits) et vous offre une souris. Ce n'est pas seulement un cadeau : votre chat veut également tenter de vous apprendre à chasser les souris par la même occasion !

▶ **Un cas de conscience.** C'est à chaque propriétaire de prendre la décision d'offrir à son chat une vie en liberté. Il vaut mieux ne laisser le chat sortir que lorsque l'on dispose d'un jardin clôturé et qu'il n'y a pas trop de circulation dans la rue. Votre chat doit également se sentir chez lui à la maison et s'habituer à vous. Avant de lui ouvrir la porte du jardin, il doit d'abord passer quelques semaines à l'intérieur — sinon il pourrait s'enfuir n'importe où.

Si votre chat s'enfuit

Quiconque laisse sortir son chat doit s'attendre tôt ou tard à ce qu'il ne rentre pas à l'heure prévue. Dans les cas les moins graves, il s'est trouvé une « maison temporaire » dans laquelle il a passé un peu de temps de manière exceptionnelle. Mais il peut très bien avoir eu un accident ou avoir été enfermé quelque part par inadvertance. Il ne faut alors pas repousser trop longtemps les recherches. Si votre chat d'intérieur se sauve, vous devez commencer immédiatement les recherches car il ne saura généralement pas faire face aux dangers de l'extérieur.

▶ **Identifiez votre chat** à l'aide d'un collier élastique portant une médaille ou un tube avec votre adresse. Le tatouage dans l'oreille ou la puce électronique injectée sous la peau sont des solutions plus sûres. Les coordonnées du pro-

---

Attention danger !

Les chats en liberté doivent faire face aux dangers suivants : les voitures, les raticides et les appâts empoisonnés, les débris de verre, les barbelés, les bagarres avec d'autres animaux (les chiens par exemple) ou l'enfermement accidentel.

Les hommes : les chasseurs (en France, il est illégal de tuer un chat), les voleurs et la fourrière.

Se promener sur le toit et apprécier la vue : pour le chat, le « danger » n'existe pas.

priétaire sont alors réperto-
riées au Fichier national
félin (www.fnf.fr). Si le chat
est retrouvé, son propriétaire peut être prévenu.

▶ **Faites d'abord des recherches**
dans votre immeuble et dans
les environs en appelant
votre chat. Prenez de la nourriture avec vous ! Demandez
à vos voisins de regarder si
votre chat ne se trouve pas
dans leur jardin, ou s'il n'est
pas emprisonné dans leur
cave ou leur garage.

▶ **Placardez des affichettes**
avec une description et une
photo de votre chat ainsi que
votre numéro de téléphone
dans des endroits straté-

giques (arrêts de bus, com-
merces). Faites passer une
annonce dans le journal.

▶ **Renseignez-vous régulièrement** auprès des refuges, des
vétérinaires et aux objets
trouvés (police) pour savoir
si quelqu'un a trouvé
votre chat.

▶ **Il y a toujours de l'espoir,**
même après plusieurs
semaines votre chat peut
revenir en parfaite santé !

En liberté

Les chats et le jeu

Le jeu revêt une importance particulière pour les chats. Les chatons ou les chats qui n'ont pas de compagnon de jeu ont besoin de s'amuser avec leur maître.

L'importance du jeu

En jouant avec leurs frères et sœurs, les chatons apprennent des mouvements indispensables à la chasse : guetter, s'approcher à pas feutrés, bondir et frapper avec les pattes. Deux chats vivant ensemble jouent souvent l'un avec l'autre : ils essaient de s'attraper la queue, se poursuivent à travers la maison et font semblant de se battre. Si les chatons s'entendent bien, vous n'avez pas de souci à vous faire (les blessures graves sont rares). Un chat seul n'a pas cette possibilité ; au mieux, il va courir après sa propre queue. C'est donc à vous de le divertir. Des jeux fréquents maintiennent votre chat en forme et lui évitent l'ennui. D'ailleurs, les chats qui ont la chance d'avoir un compagnon apprécient tout de même un programme riche en rebondissements !

Des jouets amusants

Vous trouverez en animalerie des jouets divers et variés : souris en peluche ou en caoutchouc, balles, etc. Avec un peu d'imagination, vous pouvez fabriquer vous-même des jouets divertissants avec un minimum de matériel. Veillez toutefois à ce que le chat ne puisse l'avaler ou se blesser en jouant.

▶ Un long brin d'herbe est une « proie » parfaite si vous le faites glisser sur le sol devant votre chat. Agitez-le dans l'air, incitez le chat à sauter, comme il le fait dans la nature lorsqu'il tente d'attraper un oiseau

Un jouet high-tech : de nombreux matous s'amusent pendant des heures avec la balle « emprisonnée ».

Un jouet formidable, qui permet de se faire les griffes
en même temps.

qui s'envole. Une vieille
cravache fera également un
jouet parfait (mais le chat
en mordillera l'extrémité !).
▶ Une boule de papier froissé
divertira votre chat pendant
des heures. Le bruit du
papier froissé attire rapidement son attention. On peut
jeter le papier vers lui,
le cacher dans une boîte
ou le tirer sur le sol avec
une ficelle.
▶ Une balle de ping-pong
jetée en l'air ou roulant sur
le sol amuse beaucoup le
matou. Il continue souvent
à jouer seul avec la balle,
jusqu'à ce qu'elle roule à un
endroit auquel il n'a pas

accès, sous un meuble
par exemple.
▶ La classique pelote de laine
est dangereuse pour les
chats car ils peuvent s'empêtrer dans les fils et se couper
la circulation sanguine

d'une patte ou s'étrangler.
Les fibres de laine restent
accrochées à leur langue
râpeuse et peuvent être
avalées.

Les jeux d'intérieur

L'arbre à chat
est un véritable terrain
de jeu et permet
d'épargner les meubles.

Les chats passent une grande partie de leur journée à dormir ou à se reposer, mais lorsqu'ils sont éveillés, ils ont besoin de se dépenser. Malgré tout, ils peuvent parfaitement vivre dans un petit logement. En effet les chats ne sont pas cloués au sol, ils aiment également visiter les hauteurs de notre habitation.

À la maison

Le chat ne prend pas beau-coup de place : il a simple-ment besoin d'un coin pour sa litière dans une pièce bien ventilée dont le sol est facile d'entretien, comme les toilettes par ex., et d'un emplacement pour sa ga-melle. Il ne dort pas souvent au même endroit ; il a une préférence pour les meubles capitonnés, les vêtements qui traînent, les radiateurs, les boîtes, les sacs, mais par-fois également les paniers à chat ! Si vous aimez écouter de la musique fort ou faire la fête, il est préférable que votre chat dispose d'une pièce calme, où se retirer.
▶ **Nos matous** s'intègrent plutôt bien dans notre espace de vie, mais il faut toutefois

s'attendre à ce qu'ils causent quelques dégâts de temps à autre. Il peut arriver qu'un chat vomisse sur le tapis ou fasse ses besoins à côté de sa caisse et que, malgré les soins apportés à sa fourrure, ses poils se déposent sur les meubles capitonnés. Si cela vous gêne, essayez de tenir le chat à distance (p. 39) ou mettez un drap sur vos meubles. Mettez les objets fragiles en sécurité dans une vitrine, car le chat pourrait les casser en jouant.

Son terrain de jeu

Les arbres à chat composés de branches naturelles, que l'on peut fabriquer soi-même, offrent au chat la possibilité de grimper.
▶ **Les boîtes en carton** et autres « abris » sont très appréciés de nos matous pour piquer un petit somme. Au quoti-dien, privilégiez la diversité en ne jetant pas vos cartons mais en les installant pour un temps dans un coin calme de la maison.
▶ **Une étagère vide** peut égale-ment devenir le lieu de repos favori de votre matou pour quelque temps.

Les jouets pour enfants sont très intrigants, mais ils doivent être « adaptés » au chat.

Les jeux avec la nourriture

Les chats sauvages doivent « gagner » eux-mêmes leur nourriture : ils parcourent leur territoire, guettent leurs proies, bondissent... mais ne parviennent pas toujours à leurs fins. Faites connaître à votre matou le plaisir de la chasse, afin que sa vie soit bien remplie.

▸ **Les balles à friandises** se trouvent en animalerie. On introduit des croquettes à l'intérieur par un trou. Lorsque la balle roule, les croquettes sortent.

▸ **Découpez des trous** dans des petits cartons et introduisez-y des croquettes. Le chat devra les attraper en glissant sa patte à l'intérieur.

▸ **Cachez des croquettes** sous une boîte à chaussure : le chat s'entraînera à les trouver et à les récupérer.

▸ **Jetez des croquettes** à votre chat ; lorsqu'il a faim, il les attrape au vol.

Jeux d'intérieur

Au menu

Les chats sont des carnivores, comme on peut le voir à leur mâchoire. Leurs proies naturelles sont les souris et autres petits rongeurs, qu'ils dévorent avec la peau et les poils, mais également les os et une partie de l'estomac et des intestins. Ces proies apportent au chat tout ce dont il a besoin : des protéines essentielles, et dans une moindre mesure des lipides et des glucides sources d'énergie, ainsi que des vitamines et des minéraux. Enfin, les chats mangent également un peu de verdure.

Une bonne alimentation

L'alimentation d'un chat d'intérieur doit contenir tous les nutriments essentiels en proportions équilibrées.

▶ **Les aliments pour chat de qualité supérieure** (boîtes ou croquettes) offrent à votre animal une alimentation équilibrée et sont très pratiques. Le grand choix disponible permet de varier les menus. De nombreuses sociétés proposent des aliments spécial « seniors » ou chatons.

▶ **Les repas faits maison** doivent se composer aux trois-quarts de différents types de viande maigre ; la cuisson permet d'éviter la transmission de maladies ou de parasites. Pour changer, vous pouvez également proposer du poisson après en avoir préalablement ôté les arêtes. Ne donnez pas trop souvent des abats, car en trop grande quantité, la vitamine A contenue dans le foie peut entraîner des troubles articulaires.

▶ **Les flocons d'avoine, le riz ou les pommes de terre cuits,** riches en glucides, constituent des compléments alimentaires adaptés. Les fruits râpés ou les légumes cuits, comme les carottes, apportent des vitamines et des fibres.

Les bases de l'alimentation

Un changement d'alimentation, par exemple une transition des boîtes à des repas faits maison, doit être instauré progressivement, sur quelques jours. Augmentez un peu chaque jour les proportions du nouvel aliment.

Évitez dès le départ de lui donner toujours la même nourriture. Lorsqu'un chat prend l'habitude de manger un seul type d'aliment, il risque de refuser tout autre aliment au bout d'un certain temps : c'est à ce moment-là que les risques de carence apparaissent.

Ne donnez pas des aliments sortant directement du réfrigérateur. Attendez qu'ils se réchauffent un peu.

À l'âge de 8 semaines, un chat prend 6 repas par jour. Supprimez un repas par mois, pour qu'à l'âge de 6 mois, il ne prenne plus que 2 repas.

Les aliments sucrés, gras, très épicés ou salés ne lui conviennent pas. Les chats n'ont pas besoin de nutriments dans les mêmes proportions que nous !

Le chat doit toujours avoir de l'eau fraîche à disposition dans une écuelle propre.

L'alimentation naturelle du chat répond exactement à ses besoins. Il doit être nourri avec des aliments de première qualité en fonction de son âge et de ses besoins.

Occasionnellement, vous pouvez proposer du fromage blanc ou un œuf cuit.

Comment servir les repas ?

La quantité de nourriture dont votre chat a besoin varie selon son âge, sa taille et sa vivacité. Les chats en période de croissance, les chattes gravides ou allaitantes ont des besoins accrus. Fiez-vous à l'appétit de votre compagnon ! Limitez les quantités si votre chat grossit à vue d'œil.

▶ **Les chats aiment la routine :** nourrissez votre compagnon toujours à la même heure et au même endroit, qui doit être calme et à distance de la litière. Chaque chat doit avoir sa propre gamelle, qui sera nettoyée après chaque repas.

▶ **Les os à ronger** permettent d'éviter la formation de tartre. Ne donnez toutefois pas d'os de volaille à votre chat, car ils se brisent facilement et peuvent causer de graves lésions dans sa gueule ou son appareil digestif. Les croquettes nettoient également les dents par leur action mécanique et préviennent les problèmes dentaires.

Menus

Le soigner avec amour

La toilette

Les chats sont des animaux très propres qui consacrent chaque jour beaucoup de temps à leur toilette. Ils préservent ainsi la souplesse de leur poil et son effet isolant. Seuls les chats à poil long ont besoin de l'aide de leur maître pour garder une belle fourrure. Leur maître a également pour mission de garder leur litière propre.

Le nettoyage de la litière

Chaque chat doit avoir son propre bac à litière, qui doit être nettoyé au moins une fois par jour. Si vous une utilisez une litière agglomérante, il suffit de retirer les crottes et les boules formées par l'urine. Le bac doit être entièrement vidé une à deux fois par semaine et lavé à l'eau chaude. Si l'un de vos chats souffre d'une maladie digestive, le bac à litière doit être désinfecté.

L'entretien du poil

Les chats perdent leurs poils au moins deux fois par an, au printemps et à l'automne. Chez les animaux vivant en appartement, cette mue peut traîner en longueur, la différence entre les saisons étant moins marquée. Pour que votre matou n'avale pas trop de poils, vous devez le brosser régulièrement pendant cette période.

▸ **Chez les chats à poil long,** le brossage est nécessaire toute l'année, sinon les poils s'emmêlent. Démêlez-les très soigneusement. Veillez à ne pas en arracher, sinon le brossage risque de virer au combat avec votre chat. Le mieux est de couper les nœuds avec des ciseaux ronds.

▸ **Les chats agités** doivent être maintenus doucement mais fermement par une seconde personne, afin d'éviter les blessures.

▸ **Les bains** doivent rester exceptionnels, lorsque la fourrure est vraiment très sale. Utilisez de l'eau tiède et un shampooing pour chat ou pour bébé. Après le bain, essuyez le chat avec une serviette et maintenez-le dans une pièce chauffée, à l'abri des courants d'air, jusqu'à ce qu'il soit complètement sec.

▸ **À l'occasion,** il peut être nécessaire de lui nettoyer les oreilles avec un morceau de coton imbibé d'huile. N'utilisez surtout pas de coton-tige. Les chats vivant ensemble se nettoient souvent mutuellement les oreilles et épargnent donc cette tâche à leur maître.

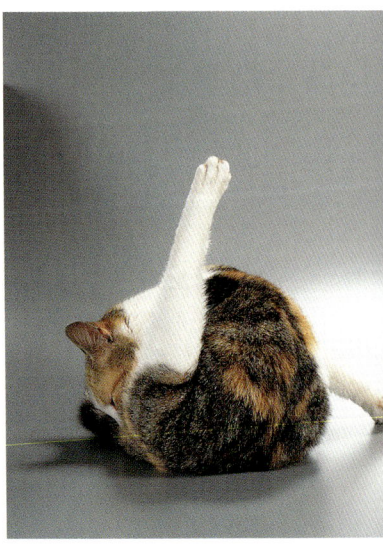

Les acrobaties sont de mise pendant la toilette.

Les vacances

Pour vos courtes absences, un distributeur program- mable peut nourrir votre chat à heures fixes.

▸ **Voyager avec un chat**
La plupart des chats ne se sentent pas très à l'aise dans un environnement inconnu. Pendant les longs voyages en voiture ou en train, les animaux souffrent d'être enfermés dans une cage ou ne supportent pas le bruit. Souvent, ils n'ont pas la possibilité de manger, de boire ou de faire leurs besoins. Toutefois, il ne serait pas prudent de les laisser sortir de leur cage. Vous pouvez emmener votre chat uniquement si vous vous rendez régulièrement en vacances au même endroit (par ex. dans votre résidence secondaire), ou si l'animal est très attaché à vous et supporte mal la séparation. Renseignez-vous également à l'avance pour savoir si les chats sont acceptés sur votre lieu de vacances et si les fenêtres sont grillagées : si votre chat s'enfuit dans un endroit qui lui est inconnu, vous risquez de ne jamais le retrouver. Si vous devez prendre l'avion, demandez si les ani-

Sa langue râpeuse nettoie la fourrure, et le léchage apaise le chat.

maux sont autorisés à voyager en cabine dans une cage de transport.

▸ **Faire garder votre chat**
Le mieux est de demander à un voisin ou à un ami s'il peut venir s'occuper de votre chat, le nourrir, nettoyer sa litière, jouer avec lui. Il existe peut-être dans votre ville une associa- tion spécialisée dans la garde d'animaux.

▸ **Autres solutions.** Vous pouvez confier votre chat à des amis. La pension, même la plus luxueuse, doit rester le dernier recours.

Toilette de chat

Prévenir les maladies

Bien que les chats vivant en liberté soient plus souvent au contact de microbes, les chats d'intérieur doivent également être examinés de près une fois par semaine, afin de détecter rapidement d'éventuelles maladies et d'éviter le pire.

Examiner son chat

Un chat en bonne santé a les yeux vifs, un nez humide qui ne coule pas, une fourrure épaisse et brillante et des dents propres. Ses crottes sont fermes et sombres, son urine jaune et claire. Il est vif et a bon appétit. Chez un chat en bonne santé, les constantes vitales sont les suivantes :

▸ **Température :** 38,8 à 39,0 °C (voie rectale)
▸ **Fréquence respiratoire :** 20 à 30 par minute
▸ **Pouls :** 100 à 240 par minute.

Les parasites

Des plaques de peau nue dans la fourrure peuvent révéler des carences alimentaires ou la présence de parasites ; dans ce dernier cas, vous remarquerez que votre chat se gratte plus souvent que d'habitude.

▸ **Un collier anti-puces** fourni par le vétérinaire protège le chat contre tout type de parasites. Il doit toutefois être pourvu d'un point de rupture ou d'une partie élastique pour que le chat puisse facilement se libérer en cas de problème, s'il se retrouve pendu à une branche par exemple. Les colliers anti-puces sont inadaptés si l'on possède plusieurs chats qui se toilettent mutuellement, ou lorsque le chat est allergique (rougeur de la peau). Autres solutions, la poudre anti-puces ou les bains. Les puces sont toutefois résistantes à la plupart des colliers et produits anti-puces.

▸ **À titre préventif,** il convient d'utiliser une préparation vétérinaire appliquée sur la nuque. En cas d'infestation, vous devez également traiter l'environnement du

Les vaccins sauvent des vies

Après la première vaccination, un rappel doit être effectué tous les ans. Primo-vaccination : 8-9 semaines pour le coryza, le typhus et la leucose, et 12 semaines pour la rage.

Le coryza est une infection des voies respiratoires accompagnée de fièvre, qui laisse souvent des séquelles.

Le typhus est une infection virale mortelle la plupart du temps, qui affecte notamment le système digestif.

La leucose féline (FeLV) est une maladie virale incurable. Un test sanguin permet de révéler si votre chat est porteur du virus. Vous ne devez jamais mettre un chat sain non vacciné en présence d'un chat porteur.

La rage est également mortelle pour l'homme. Elle se transmet la plupart du temps par la morsure d'un animal infecté.

Des démangeaisons peuvent révéler la présence de parasites.

chat car les larves et les œufs de puces survivent pendant plusieurs mois dans les rainures du parquet ou sous les tapis.

▸ **La gale** provoque un écoulement cireux et des démangeaisons dans les oreilles. On peut apercevoir les acariens à l'origine de cette parasitose en braquant une lampe de poche dans l'oreille : on observe alors de minuscules petits points noirs qui se déplacent sous la peau. En cas de doute, consultez votre vétérinaire.

▸ **Les tiques** sont un véritable fléau pour les chats vivant en liberté. Le mieux est de les retirer à l'aide d'une pince à tiques, en veillant à ne pas écraser l'insecte. Le chat doit être maintenu par une seconde personne.

▸ **Les ascarides** sont les parasites intestinaux les plus courants chez le chat qui a l'habitude de sortir et de manger des souris. Il convient de vermifuger votre compagnon tous les 3 à 6 mois avec une préparation vétérinaire.

▸ **Les mycoses** sont transmissibles à l'homme. Elles entraînent la formation de petites plaques rondes de peau nue et causent des démangeaisons. Un traitement vétérinaire permet d'en venir à bout.

Prévention

Les maladies

L'état du chat doit vous alarmer lorsqu'il se montre apathique, n'a pas d'appétit, ne boit pas ou qu'il n'arrive pas à uriner. N'essayez pas de traiter vous-même l'animal malade, mais emmenez-le le plus rapidement possible chez un vétérinaire.

Le panier d'osier est plus adapté pour les siestes à la maison que pour le transport chez le vétérinaire.

Surveiller les symptômes

Voici les problèmes que votre chat peut rencontrer :

▸ **Yeux.** Si les yeux sont ternes, larmoyants ou purulents, il faut rechercher une blessure, un corps étranger ou une infection. Lorsque la membrane nictitante (troisième paupière) recouvre partiellement l'œil, ce peut être le signe d'une maladie ou d'un sentiment de mal-être.

▸ **Oreilles.** Un écoulement brunâtre associé à des démangeaisons peut être révélateur d'une gale ou d'une infection (bactérienne ou fongique). Un écoulement malodorant et une perte d'odorat sont les symptômes d'une infection de l'oreille. Si le chat garde la tête penchée et la secoue souvent, c'est peut-être le signe qu'un corps étranger est coincé dans son conduit auditif. Dans ce cas, seul le vétérinaire peut intervenir !

▸ **Nez.** Un écoulement nasal ou des éternuements fréquents peuvent révéler diverses infections.

▸ **Gueule.** Une mauvaise haleine est souvent le signe de problèmes dentaires. Le chat a du mal à mâcher ou mange d'un seul côté. Le vétérinaire peut traiter les dents atteintes sous anesthésie et procéder à un détartrage. Les maladies des gencives sont souvent la conséquence d'infections virales !

▸ **Voies respiratoires.** Si le chat tousse en tendant le cou, c'est souvent pour expulser une boule de poils. Si cette toux s'accompagne d'une

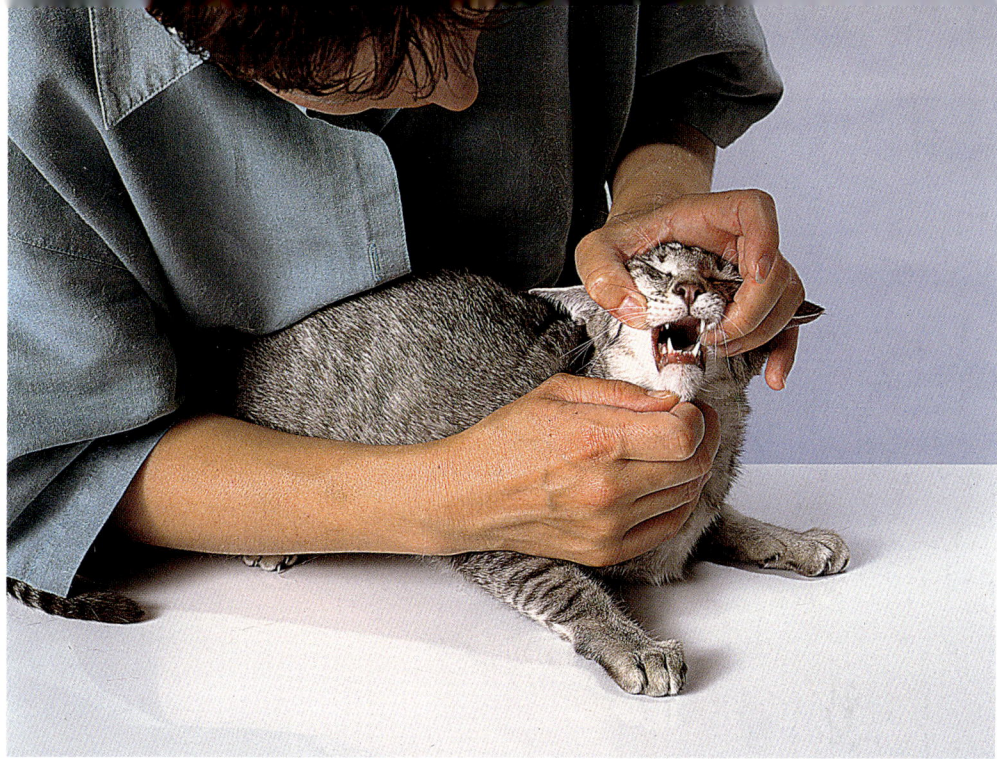

Le vétérinaire examine le chat avant de décider d'un traitement.

salivation importante, c'est peut-être qu'un corps étranger est coincé au travers de sa gorge. Une respiration haletante peut révéler une excitation, mais également une maladie des voies respiratoires telle qu'une bronchite, un asthme ou une inflammation pulmonaire accompagnée de fièvre.

Trouver la cause

Les symptômes ne sont pas toujours la conséquence d'une maladie.

▶ **Vomissements.** Ils peuvent avoir plusieurs causes anodines : le chat a trop mangé, ou expulse une boule de poils. Toutefois, des vomissements récurrents peuvent révéler une intoxication ou une maladie infectieuse.

▶ **Diarrhée.** Elle peut être causée par une mauvaise alimentation (par ex. du lait). Une diarrhée qui persiste malgré une journée de jeûne suivie d'un régime adapté, ou la présence de sang dans les excréments peuvent révéler une infestation par des vers ou une infection.

▶ **Boitement.** Des mouvements inhabituels tels qu'un boitement peuvent être causés par une blessure à une patte. Examinez les pattes du chat, il a peut-être marché sur une épine ou un tesson de verre.

▶ **Ganglions.** Palpez votre chat à la recherche de grosseurs ou de ganglions. Parfois, ils peuvent être un effet secondaire anodin d'une vaccination. Par bonheur, le chat souffre rarement de tumeurs, qui peuvent être retirées facilement à un stade précoce. Si votre chat présente une grosseur, il peut également s'agir d'un abcès. Des petites blessures à des endroits difficilement accessibles pour le chat peuvent s'infecter et se remplir de pus, notamment chez les chats qui sortent et se battent souvent.

Maladies

Ce que vous pouvez faire

N'essayez jamais de soigner un chat malade, ni de lui donner des médicaments pour humain, mais emmenez-le sans tarder chez le vétérinaire.

Premiers secours

Vous devez toutefois connaître les gestes à accomplir en cas d'urgence, en attendant que votre chat voie le vétérinaire. Il existe également quelques astuces pour favoriser la guérison de votre animal. Votre vétérinaire saura vous conseiller. N'oubliez pas : les chats malades ont besoin de beaucoup d'amour, de chaleur et d'attention !

▸ **Blessures et fractures.** Les petites blessures, que les chats peuvent se faire en se battant par exemple, guérissent le plus souvent d'elles-mêmes. En cas de saignement important, il peut être nécessaire de poser un bandage compressif. Tous les chocs (qui se caractérisent notamment par une pâleur des muqueuses), les blessures importantes et les fractures doivent être traités par un vétérinaire ! Vous devez maintenir l'animal au calme pendant tout le transport, l'encourager et le tenir au chaud. N'oubliez pas que dans la panique, un chat blessé peut mordre même une personne de confiance.

▸ **Coups de froid.** Maintenez le chat malade au chaud et à l'abri des courants d'air. En cas de difficultés respiratoires (nez bouché, etc.) et de sinusite, faites-lui inhaler de la vapeur d'eau (les huiles essentielles ne conviennent pas aux chats !). Si vous ne savez pas comment procéder, gardez le petit patient avec vous dans la salle de bain quand vous prenez une douche, en prenant garde à ne pas le mouiller !

▸ **Diarrhée.** Ne donnez rien à manger à votre chat pendant une journée entière, en veillant toutefois à ce qu'il ait suffisamment à boire (sauf du lait !). Pour les chatons, le jeûne ne doit pas dépasser 8 à 12 heures. Si la diarrhée ne s'améliore pas, qu'elle s'aggrave ou que les selles sont mêlées de sang, consultez absolument un vétérinaire. À l'issue de la période de jeûne, donnez au chat des aliments faciles à digérer, comme du blanc de poulet cuit coupé en petits morceaux, du fromage blanc maigre ou de la faisselle mélangés avec du riz cuit. Pour soulager le système digestif, fractionnez les repas.

Donner des médicaments

Respectez les prescriptions du vétérinaire et la durée de traitement indiquée.

Vous pouvez cacher les comprimés dans une saucisse ou les dissoudre dans de l'eau et les administrer avec une seringue sans aiguille.

Demandez à quelqu'un de vous aider. Vous pouvez envelopper les chats récalcitrants dans une serviette pour éviter de vous faire griffer, et leur injecter la solution dans la gueule en introduisant la seringue sans aiguille sur le côté.

Les visites chez le vétérinaire

Préparez bien la visite chez le vétérinaire, afin de réduire au maximum le stress, pour vous comme pour l'animal.

▶ **Prenez rendez-vous** par téléphone.

▶ **Ne nourrissez pas le chat avant le transport,** afin d'éviter qu'il vomisse en cours de route.

▶ **S'il se cache** à la vue de la cage de transport, emmenez-le préalablement dans une pièce où il n'a aucune possibilité de se cacher. S'il se défend, enveloppez-le dans une serviette afin de lui enserrer les pattes.

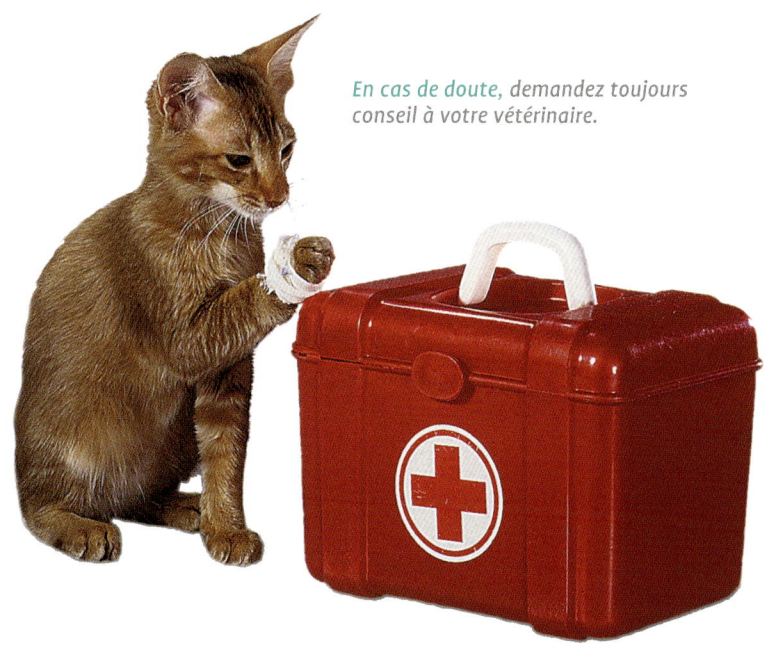

En cas de doute, demandez toujours conseil à votre vétérinaire.

> **À SAVOIR**
> **Amis pour la vie**
>
> **Nos matous** atteignent souvent un âge avancé et peuvent vivre une bonne quinzaine d'années à nos côtés.
> **Les chats** vivent en moyenne 15 ans, mais certains peuvent atteindre l'âge de 20 ans.
> **Le record** est détenu par un chat britannique qui a vécu 35 ans !

▶ **Rendez-vous directement chez le vétérinaire** en veillant à ce que votre chat soit à l'abri des courants d'air, du froid, etc.

▶ **Dans la salle d'attente,** ne sortez pas votre chat de sa cage et tenez-le éloigné de ses congénères. Tournez l'ouverture de la cage vers vous et parlez-lui calmement.

Les chats âgés

À partir de l'âge de 10 ans, un chat va devenir progressivement plus calme et plus casanier. Comme pour l'homme, on constate souvent l'apparition de troubles liés à l'âge, comme une baisse de la vue et de l'audition et des problèmes articulaires. Si le chat a des problèmes dentaires, donnez-lui des aliments coupés en petits morceaux, et fractionnez les repas tout au long de la journée, car les animaux vieillissants ont souvent moins d'appétit. Tenez compte des douleurs de votre chat, et réservez-lui un environnement calme pour ses vieux jours. S'il souffre beaucoup, et que plus aucun traitement ne fait effet, vous devez envisager de le faire piquer (même si c'est dur) afin de soulager ses souffrances. Votre vétérinaire saura vous conseiller.

À faire

Les soucis du quotidien

Les véritables troubles du comportement sont rares chez les chats. Si votre minou n'est pas propre, qu'il est agressif ou qu'il abîme vos meubles, c'est peut-être parce que « son » monde ne tourne plus tout à fait rond et qu'il cherche à vous le signifier par son comporte-ment : « au secours, je stresse ». Comme il ne peut s'exprimer avec des mots, il le traduit par des actes.

Un comportementaliste pourra vous aider en cas de gros problème.

Il fait ses griffes sur les meubles

Quand un chat fait ses griffes sur les meubles, les tapis et les rideaux, il satisfait un besoin tout à fait normal : il aiguise ses griffes et se débarrasse ainsi de la couche cornée qui les recouvre.

▸ **Mesures à prendre.** Pour éviter les griffures sur vos meubles, vous pouvez tenter de rendre l'arbre à chat

attractif en le vaporisant de valériane : la plupart des chats apprécient cette odeur ! Vous pouvez égale-ment déplacer l'arbre à chat. Des mesures éducatives (p. 39) devraient également vous aider à empêcher votre chat de faire ses griffes sur les meubles.

Il n'est pas propre

Si votre chat n'utilise pas systématiquement sa litière, plusieurs causes sont envi-sageables. C'est peut-être l'expression d'un mal-être. Les chats sont très sensibles aux modifications de leur environnement et de leurs conditions de vie. Le fait de déplacer des meubles ou de déménager, l'arrivée d'un nouveau com-pagnon, d'un nouvel animal ou d'un bébé peut être un facteur déclenchant. Mais parfois, c'est le bac à litière qui est mal placé, pas assez propre, la litière qui ne convient pas au chat, ou le chat n'est pas castré et marque son territoire.

▸ **Mesures à prendre.** Passez

Proposez une solution de rechange à votre chat pour éviter les comportements indésirables.

en revue et modifiez si nécessaire les conditions de vie du chat, et accordez-lui toute votre attention. Pour exclure une éventuelle maladie, emmenez-le chez le vétérinaire. Chez le chat mâle, une castration peut aider à résoudre le problème du marquage du territoire.

Il est agressif

Bien que les chats soient souvent considérés comme « lunatiques », rien n'est plus déplaisant que de se faire griffer ou mordre violemment par son matou. Le plus souvent, il cherche seulement à défendre son territoire (p. 40), il a peur ou il s'ennuie.

▶ Mesures à prendre.
Déterminez quelle est la cause de cette agressivité. S'il a peur, évitez les situations stressantes et les provocations comme le fait de le regarder dans les yeux. Ne punissez pas votre chat, mais fixez-lui des limites claires.

Soucis et tracas

La reproduction

Il est très intéressant de voir grandir une portée de chatons.
Leur trouver un foyer est en revanche une tout autre histoire !

Prendre ses responsabilités

Des milliers de chats échouent chaque année dans les refuges. Un propriétaire de chat sensé fait stériliser son animal, à moins qu'il soit en mesure trouver un foyer aux petits ! Les chatons de race possédant un pedigree sont généralement plus faciles à caser. Toutefois, les frais de saillie avec un étalon reconnu par une association d'éleveurs sont très élevés. La chatte en chaleur est amenée auprès de l'étalon. Il est nécessaire qu'elle y reste quelques jours, car elle peut avoir été perturbée par le transport, ou le chat peut la repousser.

La gestation

Environ 4 à 5 semaines après l'accouplement, le ventre de la chatte commence à s'arrondir et ses mamelles à grossir. La chatte devient progressivement plus calme, elle évite de sauter et de grimper. Vers la fin de la 9ᵉ semaine de gestation, elle s'alimente davantage, et prend plusieurs petits repas fractionnés. Vous devez veiller à ce qu'elle ait un apport suffisant en protéines, minéraux (calcium !) et vitamines.

La mise bas

La chatte recherche un endroit calme et protégé (chaud, sec et sans courants d'air !). Empêchez-la de sortir pendant les quelques jours précédant la mise bas ; elle pourrait sinon donner naissance à ses chatons dans un lieu qui vous serait inaccessible.

▸ **La caisse.** Mettez à sa

Un chat qui a l'habitude de sortir doit absolument être castré, ce qui ne l'empêchera pas de rester un chasseur zélé et efficace.

disposition une caisse ou un panier rembourré. Une épaisse couche de papier journal recouverte d'une serviette suffit à absorber le liquide amniotique et le sang. La plupart du temps, la naissance se déroule sans problème. Les chatons naissent à intervalles compris entre 15 minutes et plusieurs heures. Restez à proximité, mais ne dérangez pas la chatte. Si après un long travail, la mise bas ne progresse pas, la chatte a peut-être besoin de l'aide d'un vétérinaire. Posez-lui vos questions à l'avance et demandez-lui s'il sera de garde à la date prévue de la mise bas. Vous serez ainsi rassuré et il pourra vous aider en cas d'urgence.

La stérilisation

Au cours de cette opération réalisée sous anesthésie générale, le vétérinaire retire les glandes sexuelles du chat : les testicules chez le chat, les ovaires, voire une partie de l'utérus chez la chatte. La stérilisation peut également consister à ligaturer les oviductes chez la chatte et les canaux déférents chez le chat : si la reproduction n'est plus possible, mais l'instinct

En reniflant l'arrière-train de sa partenaire, le chat sait si elle est disposée à s'accoupler.

sexuel demeure intact. Les femelles peuvent même avoir des chaleurs persistantes !

▶ Le bon moment. L'intervention peut avoir lieu dès que les glandes sexuelles sont complètement développées, soit entre 8 et 10 mois chez le chat et 8 et 12 mois chez la chatte. Par mesure de précaution, attendez les premières chaleurs. Toutefois, ne retardez pas l'opération trop longtemps : les chats qui marquent déjà leur territoire conservent parfois cette habitude malgré l'intervention. Quant aux chattes, elles peuvent être fécondées (il est toutefois possible d'opérer une chatte gravide).

À SAVOIR
La reproduction en chiffres

Durée de la gestation : env. 9 semaines.
Nombre de portées par an : 2 à 3, généralement au printemps et à l'automne.
Nombre de petits par portée : 3 à 6 en moyenne, mais on peut également en compter 8 ou un seul.
Poids d'un chaton à la naissance : 90 à 140 g, en fonction de la race.
Ouverture des yeux : entre 7 et 12 jours.
Alimentation solide : entre la 4e et la 5e semaine.
Sevrage : après 8 à 12 semaines.

Reproduction

Des petits pleins d'entrain

Les bébés animaux sont toujours mignons et attachants et suscitent souvent des cris de ravissement! Les chatons, avec leurs grands yeux et leurs mouvements patauds, comptent sans aucun doute parmi les grands favoris.

Les chatons nouveau-nés sont encore aveugles, leur fourrure est humide et recouverte de placenta. La mère coupe immédiatement le cordon ombilical, avant de les nettoyer. Les chatons cherchent instinctivement les mamelles et commencent à téter. La plupart du temps, la mère ne nourrit qu'une partie des nouveau-nés. Dans ce cas, mieux vaut tenir les autres éloignés.

L'éducation des chatons

Une chatte allaitante a besoin de nourriture équilibrée en grande quantité, répartie en trois ou quatre repas.

Au début, la mère reste presque constamment auprès de ses petits, elle les nourrit, les lave et les tient au chaud. La plupart des chattes n'apprécient pas qu'on touche leurs petits ou qu'on les éloigne du nid. Même la plus douce des chattes peut sortir les griffes si elle croit que ses petits sont menacés !

◄ **Les premières semaines**
1 Les chatons nouveau-nés dépendent de la sollicitude de leur mère. Toutefois, leur odorat et leur toucher sont déjà parfaitement développés et les aident à trouver les mamelles et à se blottir contre leur mère et leurs frères et sœurs; le mouvement de « pétrissage » des mamelles qu'ils effectuent avec leurs pattes avant pendant la tétée stimule la production de lait. Ils se déplacent en rampant. Pendant la 2ᵉ semaine, les petits entendent et ouvrent les yeux, toujours bleus au départ. Ils peuvent maintenant soulever la tête et faire leurs premiers pas.

② ▲ **La croissance.** Les premières dents sortent au cours de la 3ᵉ semaine et sont « testées » au cours des jeux avec les frères et sœurs. Le chaton apprend ainsi à développer ses talents de chasseur et améliore sa motricité. Il commence à poursuivre des proies potentielles, que ce soit une feuille volant dans le vent ou un papillon. La mèe veille à ce que ses chatons apprennent tout ce qui leur sera utile dans la vie, par ex. à utiliser le bac à litière. Vers la 4ᵉ semaine, ils font une nouvelle expérience : ils prennent leur premier repas solide, bien qu'ils continuent à téter leur mère. Si la mère est bonne chasseuse, elle va commencer par apporter des proies mortes, puis vivantes, à ses petits pour qu'ils exercent leurs talents de chasseurs. Il est maintenant temps de leur donner des aliments spécialement conçus pour les chatons. C'est au cours de ces semaines que le chaton va se familiariser avec l'homme ; des contacts fréquents sont en effet très importants.

Si la chatte est dérangée trop souvent, elle peut être amenée à déplacer ses petits. Pour transporter les chatons, elle les saisit délicatement par la peau du cou : ils se laissent pendre sans bouger, les pattes arrière et la queue repliés contre le corps. La morsure de la chatte, mortelle pour ses proies, est pleine d'égards et de douceur lorsqu'elle transporte ses petits.

Les chatons orphelins

Essayez de trouver une nourrice pour les chatons orphelins ou rejetés par leur mère ; les chattes allaitantes adoptent souvent sans problème des chatons qui ne sont pas les leurs. Renseignez-vous auprès des vétérinaires et des refuges ! L'élevage par l'homme doit rester exceptionnel. Il implique de grandes responsabilités et beaucoup de travail : il faut s'occuper des chatons 24 heures sur 24 ! Demandez à votre vétérinaire quelles sont les mesures à prendre ; il vous fournira également de quoi les nourrir correctement.

SUPER-MATOUS

Les chats sont presque toujours disposés à jouer, et seront très heureux si tu t'occupes d'eux tous les jours.

Les chats aiment explorer les trous. Avec des cartons, tu peux bricoler un parcours d'aventures pour tes petits camarades de jeu. Découpe des trous de la taille de ton chat dans les parois des cartons et dispose-les de manière qu'il puisse passer d'un trou à un autre. Ton matou s'amusera également beaucoup si tu lances une balle ou un autre jouet dans les cartons ou que tu caches une friandise au bout du parcours.

①

▲ Le ronronnement

Les félins, le lion comme le chat, sont les seuls animaux capables de ronronner. Toutefois, nos chats sont bien plus doués que les lions et peuvent ronronner en continu. En effet, ils sont capables de ronronner en inspirant et en expirant, alors que les grands félins ne peuvent ronronner qu'en expirant. La plupart du temps, les chats ronronnent lorsqu'ils se sentent bien, mais également parfois pour se tranquilliser, chez le vétérinaire par ex.

②

▲ Le « mouseball »

Nous avons inventé ce jeu avec notre chat Binnaburra. Les règles sont simples : le chat se positionne en hauteur (par ex. sur un arbre à chat ou sur une étagère) et son maître lui lance un jouet par en-dessous, comme par ex. une balle ou une souris en peluche. Le chat gagne un point lorsqu'il renvoie le jouet d'un coup de patte, deux lorsqu'il l'attrape. Son adversaire gagne un point lorsqu'il rattrape le jouet avant qu'il ne touche le sol. Qui va gagner ?

③

▲ L'herbe à chat

Les chats doivent manger de l'herbe afin de s'assurer un apport en vitamines et pouvoir expulser les boules de poils. Tu peux l'acheter en pot ou la semer toi-même.

④

▲ Divertir son chat

Pour pimenter le jeu, tu peux lancer une souris en peluche à ton chat de telle sorte qu'elle disparaisse derrière un coin de meuble. Qui sait, peut-être qu'il s'amusera tellement qu'il te rapportera la souris ! De nombreux matous se prêtent volontiers au jeu.

Entre ciel et terre

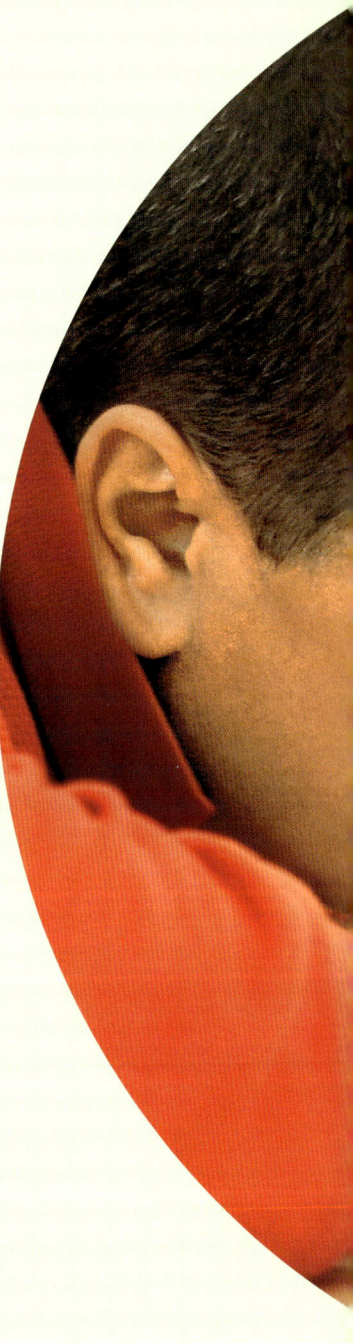

Quel est le point commun entre les léopards et les chats? Ils aiment se percher en hauteur, dans des positions manifestement inconfortables, les pattes dans le vide, même pour dormir! N'oubliez jamais que votre matou, qu'il soit noir et blanc ou tigré, a des instincts en commun avec son grand frère africain.

Si vous vivez avec un ou plusieurs chats, apprenez à voir votre intérieur à travers leur regard, et découvrez leurs secrets. Créez pour votre compagnon un monde en trois dimensions lui offrant la possibilité de vadrouiller pendant la journée en votre absence, de dormir et d'observer... Un monde dans lequel vous vous sentirez bien parce qu'il portera votre « patte », et qui plaira à votre chat parce qu'il sera adapté à son mode de vie. Offrez à votre compagnon un cadeau auquel vous n'aviez jamais vraiment pensé auparavant: de l'altitude. Votre chat n'en sera que plus heureux.

Aménagez des postes d'observation et des emplacements confortables en hauteur dans les différentes pièces de votre maison. Faites de ces emplacements surélevés, comme le sommet d'une étagère par exemple, le domaine réservé de votre chat. Les possibilités sont infinies, il y en a de toutes les couleurs, pour tous les goûts et tous les styles. Laissez-vous inspirer...

Les félins, petits et grands, aiment laisser leurs pattes pendre dans le vide lorsqu'ils se reposent.

La vie en 3D

Les cinq sens en éveil

Avez-vous déjà réfléchi à ce que vous pourriez modifier dans votre intérieur, sans le dénaturer, pour éviter que votre chat fasse des bêtises ?

Que signifie son comportement ?

À première vue, le chat ne semble pas être un animal très exigeant, qu'il vive en liberté ou uniquement à l'intérieur. Un arbre à chat, deux écuelles pour la nourri-ture et l'eau, un bac à litière et un emplacement pour dormir lui suffisent pour être heureux… tant que vous êtes présent.

Toutefois, il n'a pas le droit de grimper sur l'armoire ni sur la bibliothèque, ni de jouer l'équilibriste sur la porte, encore moins d'esca-lader et de se suspendre aux rideaux, ni de faire ses griffes sur le canapé ou de déchiqueter le papier peint, ni, ni, ni… Vous vous énervez, vous ne comprenez tout simplement pas votre compagnon ; ce n'est pour-tant pas faute de lui avoir posé des interdictions et de l'avoir fait déguerpir ! Peut-être tente-t-il de vous faire passer un message ? Observez bien ses bêtises, tous les comportements que vous jugez déplacés et qui nécessitent selon vous de vous emparer de votre pis-tolet à eau pour l'éduquer, l'effrayer ou le gronder. Vous remarquerez que d'une manière ou d'une autre, il cherche toujours à prendre de la hauteur.

Où fait-il ses griffes ? Le griffoir lui suffit-il ou les fait-il juste devant vous sur le tapis ou sur le canapé sur lequel vous êtes assis ? Faut-il le laisser grimper n'importe où ?

La tête du chat fonctionne comme une antenne parabolique géante, qui capte le moindre signal.

La vie en l'air

Les ancêtres du chat domestique et de ses cousins sauvages étaient des chasseurs établis dans la forêt. Leurs proies étaient de petits animaux rapides et furtifs. Pour pouvoir attraper son dîner, le chat doit savoir se rendre invisible et se déplacer sans bruit.

Ses sens doivent être aiguisés, il doit pouvoir réagir en une fraction de seconde, et bondir pour saisir sa proie. C'est pourquoi la nature l'a doté de sens très performants :

▸ **de bons yeux** capables de percevoir les mouvements les plus rapides et de voir lorsque la luminosité est très faible ;

▸ **une ouïe exceptionnelle,** qui lui permet d'entendre les bruits les plus aigus et les plus légers ;

▸ **un bon odorat,** important pour reconnaître ses rivaux et son territoire ;

▸ **des vibrisses** sur tout le corps, avec lesquelles il se repère dans l'espace ;

▸ **des pattes** dotées de coussinets pour se déplacer en toute discrétion, des griffes pour attraper ses proies et grimper rapidement ;

▸ **une corpulence** qui lui

La maîtrise de son corps et ses réflexes font du chat un animal extrêmement rapide et précis.

permet d'exécuter chaque saut et chaque mouvement en une fraction de seconde. Nos chats n'ont pas complètement perdu ces attributs ancestraux.

Si vous condamnez votre chat à rester au sol, enfermé chez vous, cela revient à contraindre un oiseau à ne jamais voler. Il n'en mourra pas, mais il lui manquera un aspect essentiel de sa vie.

Solitaire mais pas trop

Les chats ont la réputation d'être solitaires. Certes, la plupart des félins, tels que le lion, chassent seuls et ne recherchent la compagnie de leurs congénères qu'en période de reproduction.

Un animal très sociable

Après de nombreuses observations, il s'est avéré que les chats entretiennent bien plus de relations sociales que ce que l'on croyait au départ. Non seulement ils s'intéressent aux êtres humains et recherchent leur contact, mais ils possèdent

Les chats s'expriment avec tout leur corps.

toute une palette d'expressions corporelles et de rituels de soin.

▸ **On peut souvent voir des chats assis ensemble,** à distance respectable l'un de l'autre, jetant des regards manifestement blasés à la ronde. Cette attitude signifie : « tout va bien de mon côté ».

▸ **Lorsque deux chats qui se connaissent croisent leur regard,** ils clignent des yeux et se donnent parfois un coup de langue. Cela signifie : « Je te connais, bonjour, tout va bien ». S'il vous arrive de regarder votre chat en clignant des yeux, il vous répondra de la même façon... un peu lorsque vous croisez quelqu'un que vous connaissez et que vous lui souriez.

▸ **Lorsque deux chats se rencontrent,** ils se frottent flanc contre flanc, font le gros dos et dressent la queue verticalement. Lorsqu'ils se connaissent bien, ils se saluent en outre d'un petit coup de tête et marchent sur la pointe des pattes.

▸ **Lorsque plusieurs chats dorment ensemble dans un panier,** ils se font volontiers une toilette mutuelle, et notamment des zones les plus inaccessibles comme la tête, la gorge et les oreilles. Ils s'encouragent mutuellement, se lèchent rapidement

En dormant pelotonnés contre un congénère ou contre leur maître, les chats expriment leur sympathie.

le nez pour se saluer, puis se lèchent à tour de rôle la tête et le cou.

Il cale son rythme sur le vôtre

Vous rentrez à la maison après une journée de travail. Où est votre chat ? Certains accourent précipitamment, d'autres ne vont pas s'intéresser à vous tout de suite. Ils vont venir s'étirer à vos pieds, vous observer, puis, selon leur caractère, vous saluer de manière plus ou moins exubérante. C'est à ce moment-là que commence leur journée. Comme la plupart des chats, le vôtre a peut-être besoin d'un long câlin avant de manger. Il va ensuite passer la soirée avec vous. S'il est jeune ou très

joueur, il aime peut-être aiguiser son instinct de chasseur avec la souris en peluche que vous lui lancez, ou grimper à un arbre, y faire ses griffes puis se vautrer au sommet. Ou peut-être attend-il que vous soyez assis bien confortablement pour venir s'installer sur vos genoux et se faire caresser et gratter doucement, ou encore il se pelotonne, ronronne et fait des mouvements de pétrissage réguliers avec ses pattes avant, les yeux mi-clos. Les jours où vous ne travaillez pas, vous pouvez observer comment se déroule habituellement sa journée. Peu de temps après l'heure à laquelle vous quittez la maison, il va s'installer pour dormir. Vous pouvez alors mener tranquil-

lement vos activités. Il se réveillera peu de temps avant l'heure à laquelle vous rentrez habituellement à la maison.

À SAVOIR
Rassuré, propre, rassasié... comme quand il était chaton

En pétrissant avec leurs pattes et en ronronnant, les chats trouvent chaleur et réconfort. Les caresses et les gratouilles leur apportent le sentiment de bien-être qu'ils ressentaient lorsque leur mère les nettoyait. Ils retrouvent ce même bien-être lorsque nous les nourrissons et que nous jouons avec eux, à la manière d'une maman chatte.

Un animal solitaire ?

Un emploi du temps bien rempli

Les chats ont un rapport particulier au temps, qui a inspiré de nombreux philosophes et artistes. Capables de réagir de manière très précise, rapide et assurée quand c'est nécessaire (à la chasse, pendant la fuite, les bagarres ou le jeu), ce sont aussi des animaux très calmes, pensifs et rêveurs.

Le planning de M. Chat

Le chat consacre beaucoup de temps aux activités les plus calmes.

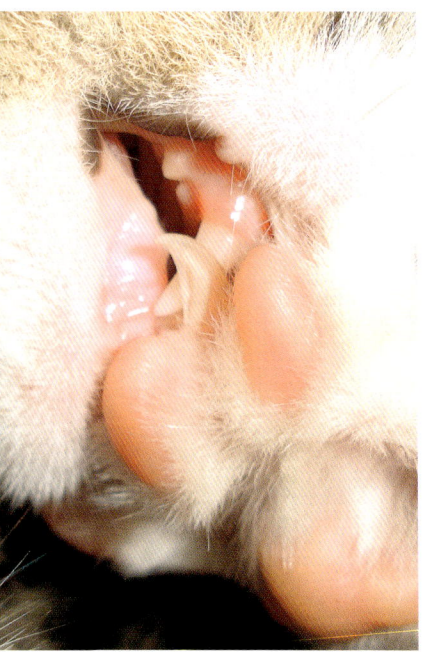

Le soin des pattes est un travail minutieux, auquel la langue sensible du chat est parfaitement adaptée.

▸ **Sur les 8 à 9 heures** qu'il ne passe généralement pas à dormir ou à somnoler, il consacre au maximum 1 ou 2 heures à la chasse ou au jeu, en fonction de son âge.
▸ **Nourrir et faire ses besoins** lui demande très peu de temps.
▸ **Une toilette approfondie,** divisée en plusieurs étapes plus ou moins longues, va lui prendre 3 à 4 heures. Cela peut paraître très long, mais il s'agit d'un exercice très acrobatique. Certes, il a sur lui une éponge et un coupe-griffes en permanence, mais pour véritablement réussir à atteindre toutes les zones de son corps, il lui faut se contorsionner et dépenser pas mal de salive. Tout ce cérémonial est nécessaire au bon fonctionnement de son organisme, et notamment de ses articulations, de ses tendons et de ses muscles, et à la propreté de sa fourrure. Il remet par la même occasion ses vibrisses en ordre.
▸ **La toilette** peut également être une activité de substitution ou d'apaisement lorsque le chat se trouve dans une situation de conflit ou de tension. Il se lèche alors brièvement le poil sur le poitrail ou sur les flancs.
▸ **Flâner,** flemmarder, observer les environs, font partie de ces nombreuses choses que les chats font lorsqu'ils sont éveillés. Ils y consacrent environ 1 à 2 heures par jour. Ils patrouillent et surveillent leur territoire, contrôlent et renouvellent leurs marques olfactives, et font leurs griffes.

Les périodes d'éveil

Le chat ne dort pas 15 ou 16 heures d'affilée. Il est plutôt actif le soir et la nuit, car c'est à ce moment-là que ses proies sortent et que les bruits ambiants s'atténuent. Il n'aura pas vraiment le temps

Une petite place sur l'étagère est idéale pour faire de beaux rêves.

de s'ennuyer pendant la journée s'il a la possibilité d'explorer votre intérieur à différentes hauteurs. Il piquera un petit somme de temps en temps, une fois dans un abri, une autre fois sur le rebord de la fenêtre, au soleil ; il enchaînera ensuite avec quelques étirements, puis ira se promener, regardera par la fenêtre, fera sa toilette un moment ou jouera un peu. Si vous pouvez vous occuper de lui le soir et qu'il peut goûter votre compagnie à ce moment-là, vous serez en parfaite concordance avec son rythme nocturne naturel. Toutefois, les chats sont des animaux qui ont une grande capacité d'adaptation, ils peuvent tout à fait mener la plupart de leurs activités pendant la journée, quand leurs maîtres sont présents, et dormir davantage la nuit.

À SAVOIR
Les endroits idéaux pour se poser

Pendant la période d'activité : rebords de fenêtre, plateformes de l'arbre à chat, étagères ou armoires.
Pendant la période de repos : abris ouverts ou fermés, paniers ou caisses.

Emploi du temps

Quand le chasseur sort ses griffes...

Les chats chassent quand ils ont faim, mais également pour jouer. Tout ce qui bouge devant eux, un reflet du soleil sur un mur ou un oiseau à la télévision, s'attire un coup de patte.

L'importance du jeu et de la chasse

La chasse et le jeu revêtent une grande importance, et ne servent pas seulement à calmer la faim. Même les chats bien nourris attrapent plus de souris qu'ils ne peuvent en avaler, surtout lorsqu'ils sont en forme. Le besoin irrépressible du chat d'observer tout ce qui bouge et de tenter de le capturer n'a d'autre fonction que de lui permettre d'entretenir en permanence ses sens, ses muscles et ses nerfs. Le chat doit être capable d'attraper des proies en toutes circonstances. C'est pourquoi il doit faire preuve d'une parfaite coordination. Cela n'est possible qu'à condition d'entretenir et maintenir en éveil sa dextérité et ses capacités physiques. Et pour que cette activité essentielle soit également une source de divertissement, la nature a inventé le jeu et le plaisir.

▸ **Aiguiser ses griffes** et escalader les arbres sont des « exercices » importants pour entretenir la souplesse des muscles et des tendons des pattes, et garder des griffes acérées.

▸ **Attraper des jouets,** les tenir et les « lacérer » avec les pattes arrière correspond aux comportements de chasse précédant la mise à mort de la proie. Souvent, le chat fait preuve d'une véritable sauvagerie. Quand c'est notre bras qu'il traite de cette façon, difficile de s'en tirer sans griffures. Si vous voyez de jeunes chats jouer entre eux de manière aussi rude, souvenez-vous que leur peau est protégée par leur fourrure.

▸ **En jouant,** les chatons s'essaient de manière extrême à toutes les étapes de la chasse. Ils repoussent les limites et s'envoient des signaux lorsqu'ils vont trop loin. Ces comportements innés font office de règles du jeu. Ils empêchent les chatons de se blesser grièvement, mais leur permettent également de s'entraîner pour faire face aux situations réellement dangereuses.

Que se mettre sous la patte ?

Les jouets pour le sol doivent être faciles à « chasser ». Ils doivent être ronds et rouler facilement ou être de forme irrégulière, afin qu'on ne puisse pas prévoir la manière dont ils vont rebondir.

Les chats apprécient particulièrement les jouets en fourrure ou en plumes véritables, car ils portent l'odeur d'animaux qui sont leur proie dans la nature.

Les chats aiment également les jouets qui crissent ou qui tintent.

Les chats sont de véritables solitaires à la chasse.

L'environnement de jeu

Lorsque vous réalisez des aménagements pour votre chat, ne pensez pas seulement à la chasse au sol. Les matous ont également besoin d'une troisième dimension : des pentes escarpées à la surface rugueuse, parfaite pour l'entretien des griffes. Les niches, les passages et les tunnels étroits compliquent la capture des jouets. Un jouet mobile ou attaché à un petit élastique contraint le chat à effectuer quelques acrobaties. Modifiez régulièrement le terrain de jeu, car lorsque le chat a appris à surmonter les situations complexes, elles perdent rapidement de leur intérêt.

Les jouets

Lorsque les chats sont d'humeur joueuse, ils vont commencer par s'en prendre à vos lunettes, à une chaussette ou à une boule de papier. Les chats les plus doués apportent des jouets afin qu'on les leur lance. Parfois, ils font durer le jeu si longtemps que même le plus patient des maîtres finit par se lasser. Proposez systématiquement des jouets dans des matières différentes. Vous n'avez pas besoin de lui acheter des jouets hors de prix, un papier roulé en boule, une noix, une balle de ping-pong, une lanière de cuir nouée ou un bouchon amusera tout autant votre matou.

À SAVOIR

Les chats adultes entretiennent leur forme en s'amusant (cela n'est pas réservé aux chatons !).
Il est essentiel de les maintenir en pleine forme : ils ne doivent ne pas devenir trop gros et trop paresseux, et doivent être incités à bouger.
Offrez à votre chat de nombreuses occasions de s'amuser et jouez avec lui, car il est contraint de vivre dans un environnement peu stimulant.

Le territoire

Dans le monde des chats, la cohabitation entre congénères et entre le chat et l'homme fonctionne parce que les chats ont une idée bien précise de leur territoire, bien réel et délimité dans l'espace, mais également un territoire « imaginaire », un espace vital personnel défini par rapport aux autres êtres vivants.

Le territoire « physique » se compose d'un domaine vital restreint, et d'un champ d'action plus vaste. C'est au sein de ce territoire que le chat vit et évolue. C'est sa zone de sécurité, dans laquelle il se sent en confiance et qu'il marque comme sienne. Ce territoire peut chevaucher celui d'autres chats, et sa taille varie selon les individus.

Son étendue va également évoluer au cours de la vie du chat. Le territoire « imaginaire » correspond à une zone de confort personnelle qui varie en fonction du congénère ou de la personne que le chat a en face de lui, de son état de santé, de son humeur et de la phase d'activité dans laquelle il se trouve. Le chat montre l'étendue

de sa zone de confort par le biais des contacts qu'il accepte ou recherche, ainsi que du nombre et de l'intensité des marques olfactives qu'il dépose.

Les bruits, les regards, les odeurs, un environnement calme ou agité influent sur son sentiment de bien-être. Les limites du territoire sont matérialisées par des marques olfactives et, dans le cas de rencontres face à face, par des signaux corporels. Ces signaux sont amicaux lorsque le chat cligne des yeux, se frotte en faisant le gros dos, passe son chemin, donne des petits coups de tête ou des coups de langue. Le gros dos accompagné d'une posture menaçante est synonyme de refus ou de défiance. Les miaulements, roucoulements et ronronnements sont positifs ; les grondements, feulements, crachements et cris marquent le rejet.

Les chats se sentent bien sur un territoire bien délimité.

Les odeurs

Tous les chats marquent leur territoire à l'aide d'une palette de marques olfactives.

▸ **Certaines font office de « phare »**, déposées à distance respectable de la zone d'habitation. Les autres chats les sentent de loin. Elles délimitent clairement les frontières du territoire et doivent être respectées. Les chats déposent ces marques à l'aide de leurs excréments laissés à l'air libre.

▸ **Les chats font leurs besoins** à distance de leur environnement proche, ou les enterrent pour se protéger des infections et des parasites.

▸ **Les odeurs émises par les glandes** situées entre les coussinets des pattes sont moins marquées mais réparties en de très nombreux endroits sur toute la surface du territoire. En allant et venant, en faisant ses griffes et en enterrant ses excréments, le chat signale tous les endroits où il passe fréquemment à l'intérieur de son territoire.

▸ **Les glandes situées sur les joues** permettent au chat de déposer une odeur évocatrice de bien-être et de sécurité sur les objets auxquels il frotte sa tête.

Faire ses griffes n'est pas une mauvaise habitude, c'est un comportement normal et essentiel pour le chat.

Prévoyez des emplacements pour les marques olfactives

Placez un griffoir à un angle, sur le côté d'une armoire ou contre une étagère. Utilisez de préférence des matériaux rugueux, comme des morceaux de sisal ou de la fibre de coco, de couleur discrète. Placez la litière aux confins du territoire de votre chat, c'est-à-dire en périphérie de votre habitation et ne vous offusquez pas si votre chat n'enterre pas tout : c'est le fameux « phare » ! S'il ne gratte pas sa litière, mais autour de son écuelle ou sur le toit, c'est qu'il dépose son odeur avec ses pattes !

À SAVOIR

Dans les foyers comptant plusieurs chats, on trouve toujours des animaux manquant d'assurance, qui réagissent aux perturbations en délaissant le bac à litière. Ils délimitent ainsi leur territoire.

La plupart réagit très bien aux produits disponibles chez le vétérinaire, qui existent sous forme de diffuseurs à brancher sur une prise électrique ou de sprays. Ces produits contiennent des phéromones apaisantes comme celles produites par les glandes situées sur la tête du chat.

Comment les chats conçoivent-ils l'espace ?

Quand vous pensez à votre habitation, vous vous la représentez en deux dimensions. Mais votre chat, lui, considère son habitat selon des critères tout autres.

Votre petit félin peut estimer avec précision la hauteur et la profondeur et réagir aussi rapidement que l'éclair. Il est capable d'évoluer dans les trois dimensions avec une aisance déconcertante. Il peut percevoir des bruits venant de n'importe quelle direction et entend le courant qui circule dans les lignes électriques. Pour lui, les bruits du quotidien font un véritable vacarme tant qu'il n'y est pas habitué. Mais il est également capable de faire abstraction de tout ce qui se passe autour de lui lorsqu'il somnole, qu'il dort ou qu'il est perdu dans ses pensées, le regard dans le vague.
Il apprécie les petits objets mouvants, les abris et les cachettes où personne ne peut le trouver. Si votre chat avait le choix entre rester à la maison et vivre dans la brousse, où les arbres sont plus ou moins touffus et où des troncs d'arbre creux jonchent le sol, que choisirait-il ?

Avec les yeux d'un chat

Que va-t-on trouver chez vous ? Un petit griffoir d'environ 80 cm de hauteur, un bac à litière installé dans un coin sombre du couloir ou de la salle de bain (c'est incommodant, mais il n'y a pas d'autre choix) ; un panier que le chat n'utilise pas, ce qui est dommage car vous l'avez payé assez cher ; une écuelle d'eau et une écuelle de nourriture sur le sol dans un coin de la cuisine. Voilà un environnement bien étriqué pour votre matou par rapport à ses cousins

Dans quelle sphère de son territoire votre chat préfère-t-il se réfugier ?

sauvages ! Il grimpe sur la table de la cuisine, sur le canapé, sur le lit et dans le panier de linge sale, fait ses griffes sur les coussins ou n'est pas propre ? Votre chat vous donne là une mine d'informations sur les limites de son territoire et la qualité de ces limites (voir p. 102). Il vous indique où il se situe d'un point de vue social par rapport à vous, aux autres chats ou aux autres animaux de la maison. Ses problèmes de santé ou ses troubles comportementaux révèlent que son habitat n'est pas conforme à sa conception de l'espace.

Comprendre son langage

Un chat ne va jamais protester. Il ne connaît pas ce mode d'expression typiquement humain. En revanche, il va s'efforcer d'attirer l'attention. La plupart du temps, nous regardons les chats avec des yeux trop humains, c'est pourquoi nous les comprenons souvent mal. Reconnaître les différentes sphères du territoire de votre chat et les respecter demande de l'observation et de l'intuition. Cela vous permet d'agir en conséquence si le chat

« Ne viens pas plus près, tu empiètes sur mon espace vital ».

vous fait par exemple comprendre qu'il est malheureux. Ainsi, vous comprenez mieux son comportement, que vous preniez jusqu'à présent pour de la désobéissance ou de l'opposition.

L'espace

Petits conseils aux maîtres

Les chats qui partagent notre intérieur vivent dans un environnement étriqué.
C'est pourquoi nous devons les nourrir, les choyer et bien nous occuper d'eux.
Et tout comme nous, leur présence laisse des traces.

Pour se sentir à l'aise et en sécurité, le chat a besoin de rester propre et de préserver une bonne hygiène dans son environnement. Dans la nature, d'autres organismes tels que des bactéries et des champignons contribuent à réintégrer les restes de nourriture, les excréments et les poils dans le cycle naturel. Lorsque les chats vivent à l'intérieur, c'est à nous de nous en charger pour que la maison reste en ordre.

Les poils déposés sur le sol, les coussins et les endroits que le chat escalade, ainsi que la litière dispersée tout autour du bac doivent être aspirés régulièrement, les paniers et les textiles lavés, le bac à litière nettoyé.

Les caresses, les câlins et le brossage doivent constituer pour vous et votre chat les plus agréables de ces petites tâches récurrentes.

Le brossage fait également partie des moments de tendresse.

1 ◂ L'alimentation

Ne négligez jamais les repas de votre chat. Il se fie à vous, car de son point de vue de chaton vous jouez le rôle de sa mère : lorsque l'heure du repas arrive, votre chat va vous appeler et se dandiner autour de vous impatiemment, dressé sur ses petites pattes, en ronronnant. La chatte roucoule et lèche ses petits sur la tête pendant qu'ils se rassasient.
De nombreux chats apprécieront donc que vous les caressiez sur la tête pendant le repas.

▸ Les câlins

Outre les achats, les repas, la toilette et l'évacuation des déchets, les contacts physiques et le jeu sont des aspects importants de la vie avec un chaton. En jouant avec lui, vous remplacez la chasse et vous le maintenez heureux et en forme. Lui parler, le câliner et jouer avec lui... Voilà comment vous devez occuper la majeure partie de la période d'activité de votre chat. En fait, il suffit simplement de l'écouter, car il est le seul en mesure de vous faire comprendre ce qu'il veut vraiment. Même si vous êtes occupé à autre chose, vous pouvez parler avec lui et maintenir un contact visuel.

2

3 ◂ La litière

Vous devez vous montrer extrêmement rigoureux en ce qui concerne la litière. Vous devez en disposer suffisamment dans la caisse du chat. Retirez quotidiennement la litière souillée et complétez avec de la litière propre. Toutes les deux semaines, videz entièrement la caisse et lavez-la avec un nettoyant doux avant de la remplir de litière propre.

Conseils

À la maison

Les yeux dans les yeux

Votre chat a tout naturellement pris sa place à vos côtés. Il aimera vous accompagner à votre hauteur, frotter sa tête à la vôtre, et pouvoir vous regarder les yeux dans les yeux.

Il est important que les chats d'intérieur puissent se déplacer conformément à leur nature. Si vous n'avez prévu qu'un seul arbre à chat suffisamment haut, c'est bien, mais pas suffisant. En dessous d'1,50 mètre, on ne peut pas parler d'arbre à chat, il s'agit simplement d'un griffoir vertical. Dans l'idéal, l'arbre à chat doit atteindre le plafond et comporter des ramifications et des abris ou des plateformes, avec des voies d'escalade lisses ou rugueuses, horizontales ou inclinées.

Vous pouvez installer cet arbre à chat n'importe où dans votre habitation, en fonction de son aménagement et de vos goûts.

Les arbres à chat

Les possibilités d'aménager un environnement adéquat pour votre chat sont diverses et variées.

▶ **Dans le commerce :** il existe de très beaux arbres à chat de couleurs et de formes variées, qui peuvent être assemblés de diverses façons en fonction de la configuration de la pièce.

▶ **Selon vos envies** ou votre portefeuille, vous pouvez choisir une structure en bois massif ou stratifié, garnie de sisal, de jute ou de tissu synthétique, munie d'abris, de hamacs, de tubes ou de plateformes.

▶ **Vous pouvez choisir la couleur** de l'arbre et des cordages de manière qu'elle s'accorde parfaitement à votre salon ou à votre tapis.

▶ **Fabriquez votre arbre vous-même** avec des troncs d'arbre : si vous aimez le bois et les matériaux naturels, un arbre confectionné avec le tronc d'un arbre fruitier muni de quelques grosses branches, de plusieurs niveaux et d'un panier s'intégrera parfaitement à votre intérieur.

▶ **Vous pouvez utiliser le tronc** d'un cerisier, d'un bouleau ou d'un poirier : à condition qu'il soit au minimum de la

En hauteur, le point de vue est meilleur !

grosseur d'un bras, et ne dépasse pas 20 à 30 cm de diamètre : trop fin, il ne sera pas suffisamment stable et trop épais, il sera trop lourd à manipuler.

▸ Le tronc doit avoir reposé quelque temps après son abattage et être bien sec avant que vous le mettiez en place et l'aménagiez. Conservez l'écorce dans la mesure du possible, il n'y a rien de mieux pour les griffes de votre chat.

▸ Brossez l'ensemble du tronc avec une brosse métallique avant de le mettre en place. Il se peut que votre chat vous aide dans cette tâche !

▸ Prévoyez des plateformes de taille variée à différentes hauteurs, et au moins un abri en bois ou un panier placé au sommet. Vous pouvez scier les planches à l'avance et monter et préparer les abris. Toutefois, ne les installez qu'une fois l'arbre parfaitement stabilisé.

▸ Si le tronc est entièrement dépourvu d'écorce, entourez-le de corde en divers endroits.

Fixez le tronc au sol sur une plaque suffisamment grande, d'au moins 50 à 70 cm de diamètre, à l'aide de vis métalliques. Sinon, vous pouvez utiliser un bac en grès,

Le langage corporel dit tout !

en bois ou en plastique (par exemple les bacs à fleurs du commerce, existant dans différents coloris) et couler le tronc dans du ciment ou du mortier. Vous devez également fixer la partie supérieure du tronc au plafond, au mur ou à un meuble afin que l'arbre ne se renverse pas lorsque le chat grimpe ou descend rapidement.

À SAVOIR

L'arbre à chat, un accessoire indispensable

Le plus important pour un chat d'intérieur, c'est d'avoir à sa disposition un arbre suffisamment haut. **Il doit permettre au chat** de faire ses griffes, de grimper, de se percher en hauteur et de se reposer.

Regards

Le monde vu d'en haut : avant, après

Vous pouvez concevoir facilement des parcours pour votre chat à peu près n'importe où dans votre habitation. Si vous ne pouvez pas percer de trous, servez-vous de l'arbre à chat pour accéder aux zones situées en hauteur. Observez d'abord à quels endroits votre chat préfère grimper.

Si vous n'avez pas beaucoup de place et que vous ne pouvez pas installer un arbre suffisamment gros, vous pouvez tout de même offrir à votre matou un parcours en hauteur. Vous pouvez aménager sans trop d'efforts des voies d'escalade sur vos meubles. Des planches d'étagère étroites peuvent être installées à peu près partout. Permettez à votre chat d'accéder à vos meubles hauts, vos poutres ou au sommet de votre armoire. Il y fait chaud et votre chat s'y sentira en sécurité. Agrafez ou collez du côté le moins visible de l'armoire une bande de moquette en sisal par exemple. Pour que votre chat grimpe ou descende plus rapidement, fixez une planche d'étagère à mi-hauteur du mur afin qu'il puisse y prendre appui. Installez un panier en haut.

① ◀ **Avant.** À l'occasion d'une rénovation, l'abattage d'une cloison entre deux pièces peut permettre de mettre à nu des poutres existantes, voire d'en installer pour séparer les pièces. Si cet aménagement vous convient, ces poutres peuvent servir de perchoir aux chats.

▶ Sur la photo ci-contre, la poutre transversale située au-dessus d'un ancien encadrement de porte est devenue l'emplacement favori des chats. La coupe aplatie en bois vissée au milieu est toujours occupée. Par ailleurs, des paniers supplémentaires installés en hauteur, un tronc de sureau à la forme originale fixé entre deux poutres, un tronc de cerisier entouré de cordages positionné verticalement et quelques plateformes en bois non traité offrent un terrain de jeu très varié.

▲ Après.

Les chats peuvent profiter d'un parcours très varié. Le poêle en faïence, très apprécié en hiver, est accessible des deux côtés, avec un accès constitué d'un tube en osier d'une part, et d'un petit escalier de planches d'autre part. Le tronc incliné permet aux chats d'atteindre l'étagère dans l'autre pièce, sur laquelle un panier ouvert et un espace de repos ont été aménagés.

Vu d'en haut

La vie en direct

Un chat d'intérieur n'a pas l'occasion d'observer, d'écouter, de flairer et de chasser tout ce qu'un chat en liberté rencontre à l'extérieur. D'accord, vous êtes là, vous jouez avec lui, mais il y a également des moments où vous n'êtes pas à la maison. Votre chat n'a pas forcément toujours envie de dormir, il a peut-être envie d'observer le monde. Vous devez lui offrir cette possibilité en lui aménageant plusieurs postes d'observation.

Vue sur l'extérieur

Avez-vous déjà remarqué que les chats s'assoient toujours derrière les fenêtres ? Les mouvements sont plus faciles à percevoir pour les yeux des chats que les images fixes et ils fascinent nos matous au point qu'ils adorent faire le guet.
Si possible, aménagez plusieurs emplacements devant vos fenêtres pour votre chat : un avec vue sur la rue, toujours en mouvement, un avec vue sur le jardin, où l'on peut voir passer les chats du voisinage, et éventuellement un autre avec vue sur un arbre peuplé d'oiseaux. Il lui faut au minimum une vue avec une perspective dégagée, et une vue plus rapprochée. Ainsi, il peut choisir son poste d'observation. Cela lui laisse également la possibilité de s'installer au soleil, ou dans un coin plus frais pendant les chaudes journées.
Si vous sécurisez une fenêtre ou un balcon avec du grillage, votre chat pourra mettre tous ses sens en éveil pendant l'été. L'air frais apporte avec lui les odeurs et les bruits de l'extérieur.

Du mouvement dans la maison

Les aquariums constituent un parfait divertissement pour les chats. Ils adorent se coucher dessus, car ils dégagent une chaleur agréable. C'est pourquoi vous devez bien couvrir votre aquarium, ce qui empêchera le chat d'attraper les poissons. Pour lui,

Une vue imprenable !

Le poisson dans son aquarium captive le chat.

observer ce qui se trouve à l'intérieur de l'aquarium et suivre les poissons des yeux sont des activités tout à fait passionnantes. Chanceux sont les matous dont les maîtres ont un aquarium ! Si vous possédez des petits animaux ou des oiseaux, vous devez absolument les mettre à l'abri des chats. Pour ces derniers, ces animaux sont toujours très tentants, et ils adorent les observer. Les petits mammifères doivent disposer d'un nombre suffisant de cachettes à l'intérieur de leur cage, afin de se soustraire à la vue de leur prédateur dès qu'il s'approche d'un peu trop près. La cage doit également être suffisamment solide pour résister aux assauts du chat ! Quant aux oiseaux en cage habitués à la présence d'un chat dans la maison, ils ne vivent pas éternellement dans la panique. Même les oiseaux qui chantent au dehors restent souvent étonnamment calmes à l'approche des chats qui se promènent

dans les branches, et vont parfois même jusqu'à les provoquer !

Abris, tunnels et cachettes secrètes

À la maison, les parcours aménagés pour le chat doivent toujours lui offrir la possibilité de se réfugier dans un abri, pour se cacher ou se reposer. On trouve en animalerie, sur Internet ou dans les magasins d'ameublement, des paniers de différentes formes, couleurs et ornés de divers motifs. Il ne reste plus qu'à trouver celui qui vous convient. Vous pouvez également le confectionner vous-même. Avec un peu d'imagination et un bon coup d'œil, vous pouvez trouver dans les magasins de bricolage ou sur les brocantes des objets creux dans lesquels vous pourrez disposer un coussin et qui pourront être installés sur une étagère, un balcon ou contre un mur pour offrir au chat un lieu de repos.

Utiliser les structures existantes

Vous pouvez utiliser les poutres verticales et transversales ou les meubles-cloisons fixes pour installer un ou plusieurs passages en hauteur. Les tubes en carton rigide, en bois ou en osier conviennent très bien. Vous pouvez fixer sur les poutres un morceau de sisal qui offrira au chat une prise pour grimper. Vous pouvez également y enrouler un cordage. Il est possible d'utiliser des cordages synthétiques, qui existent en une multitude de coloris, que vous pouvez choisir en fonction de votre intérieur.

Exploiter les étagères

Disposez vos étagères en terrasses afin que votre chat puisse y monter. Réservez-lui le dessus des « marches » ainsi formées et installez ses affaires tout en haut : un panier, un coussin douillet, une caisse colorée avec une ouverture pour se faufiler, que vous aurez éventuellement peinte vous-même. Les marches intermédiaires doivent servir de voie d'accès. Évitez donc d'y poser des bibelots. Sur l'étagère du haut, n'installez pas non plus d'objets dont vous avez souvent besoin : en haut, il fait plus chaud et votre chat s'y réfugiera volontiers en hiver.

Multiplier les abris

N'oubliez pas qu'un chat sauvage, même s'il est sur son territoire, est difficile à apercevoir, car il sait très

Les chats et les abris

Plusieurs abris répartis dans votre habitation donnent au chat un sentiment de sécurité.

Installez ces abris à différentes hauteurs.

Renouvelez de temps en temps l'intérieur des abris, surtout lorsque le chat n'a pas manifesté d'intérêt pour eux depuis longtemps.

Un abat-jour en osier glané au marché aux puces, garni d'une peau de mouton et fixé en hauteur, est un refuge très apprécié !

bien se cacher. Représentez-vous votre intérieur comme un territoire. Un seul panier ne suffit pas à recréer une atmosphère de sécurité et de bien-être. Il est préférable de répartir plusieurs abris à des endroits stratégiques situés en hauteur. Laissez parler votre imagination, car votre chat n'utilisera pas tous les abris en même temps et en changera régulièrement

pour des raisons tactiques. Ses « ennemis » ne doivent pas pouvoir savoir à quel endroit il se trouve à tel ou tel moment. Des abris non utilisés pendant quelque temps vont subitement redevenir intéressants si vous en réaménagez l'intérieur. Cela doit d'ailleurs être fait à intervalles réguliers pour des questions d'hygiène.

À SAVOIR
Les objets qui peuvent servir d'abris

- abat-jour ronds
- grands cache-pot carrés en paille ou en osier tressé
- boîtes en carton
- paniers de différentes formes. Installez un coussin ou une couverture à l'intérieur.

Se cacher

Privilégier la nouveauté

Grâce à ses promenades quotidiennes, toujours à la même heure et toujours suivant le même trajet, votre chat connaîtra bientôt la maison « comme sa poche ».

La vie des chats est bien différente à l'extérieur. La végétation change en fonction des saisons, les chats du voisinage permettent de faire de nouvelles rencontres, et surtout, il y a la chasse ! La maison, en revanche, reste toujours la même. Les chats comptent parmi les créatures les plus curieuses. Posez votre sac à provisions, ouvrez un tiroir ou une armoire, qui allez-vous retrouver à l'intérieur ? Qui vient fourrer son nez dans les boîtes et s'installe au beau milieu de la planche à repasser ? Votre chat ! Faites en sorte qu'il ne s'ennuie pas, afin qu'il ne passe pas le plus clair de son temps à dormir ou à aller et venir comme un tigre en cage.

▶ Quelques petites modifications peuvent suffire. Mais un changement radical n'est pas mal non plus : par exemple, vous pouvez changer de temps à autre la disposition des meubles. Non seulement votre chat pourra faire de nouvelles découvertes, mais vous verrez votre intérieur sous un jour nouveau.

▶ Déposez de temps à autre sur le sol des accessoires, dans lesquels votre chat pourra se glisser ou sous lesquels il pourra se cacher, comme une corbeille retournée ou un grand sac en papier. Votre chat se montrera encore plus intéressé si vous y ajoutez du papier cristal crissant.

▶ Fabriquez un nouveau jouet de temps à autre : avec du papier froissé, simplissime, ou une chute de moquette enroulée de façon à former un cylindre dans lequel le chat pourra se faufiler. Les jouets en fourrure de lapin ou en peau de mouton véritable sont également très appréciés. Mais ne soyez pas déçu, car le chat ne jouera

La plupart des chats aime jouer avec l'eau !

Les sacs ouverts sont une véritable bénédiction pour les chats.

jamais très longtemps avec son nouveau jouet, qu'il soit fait maison ou acheté dans le commerce. À un moment ou à un autre, il va l'envoyer valser sous l'armoire et un jour où vous ferez un grand nettoyage, vous retrouverez sa collection complète ! Il est habituel qu'un chat ne réutilise que certains objets de son choix.

Les autres divertissements

Les chats sont plus nombreux à apprécier l'eau que l'on ne croit. Parfois, ils la boivent directement au robinet. Un robinet qui goutte peut occuper nos matous pendant un bon moment. Certains veulent carrément barboter, d'autres se contentent de la flaque restant dans la baignoire après la douche.
De nombreux chats vont mener une partie de water-polo endiablée avec une balle de ping-pong plongée dans la baignoire. Essayez une fois pour voir ! Un grand pot d'herbe à chat va attirer la plupart des chats. Certes, ils vont sûrement faire quelques saletés mais l'essentiel, c'est de leur faire plaisir. Vous ne devez pas bannir les plantes volumineuses à cause du chat.

À SAVOIR
Le jeu des quatre coins

Changez régulièrement l'emplacement :
- **des postes d'observation** sur le rebord des fenêtres
- **du hamac :** placez-le sur l'étagère au lieu de le laisser sur le radiateur
- **de l'abri** sur l'arbre à chat.

Fixez-les simplement, au cas où il aurait l'idée d'y grimper. Attention toutefois à ne pas choisir des plantes toxiques pour le chat (yucca ou cyclamen, par ex.). Pour éviter qu'il ne gratte la terre des bacs à fleurs, recouvrez-la de gros galets décoratifs.

Fabriquer soi-même un meuble pour ses chats

Imaginez un peu : vous vivez dans un intérieur aménagé selon vos goûts avec vos meubles, vos couleurs, votre décoration... avec un ou plusieurs chats. Mais cela ne se voit pas au premier abord, parce que le meuble de votre matou est parfaitement adapté à votre style.

Aménagez votre intérieur pour vous et votre chat avec un peu d'imagination ! Si vous n'êtes pas un grand bricoleur ou que vous êtes à court d'idées, vous trouverez certainement dans votre entourage quelqu'un qui pourra vous aider. Il est facile de fabriquer une tour à l'aide de supports pour plantes grimpantes, que vous trouverez dans les magasins de bricolage ou les jardineries, et de quelques outils. Procurez-vous un support en métal ou en bois non traité, rond ou carré. Il doit comporter au moins trois niveaux, être stable et solide, et mesurer environ 1,75 m de haut, voire un peu plus. Montez-le suivant les instructions. Ensuite, vous pouvez installer à chaque niveau une planche découpée, un panier ou un plateau de taille appropriée. C'est un plus cher, mais vous pouvez également y disposer des paniers ou des coussins pour dormir, en fonction des besoins de votre chat. La méthode du hamac présentée ci-après est encore plus simple et meilleur marché. Vous avez simplement besoin d'une couverture non tissée douce, que l'on trouve partout à très bon prix, de trois coussins plats et de ciseaux.

1 ◄ **Coloré et gai.** Découpez dans la couverture trois cercles de diamètre environ deux fois supérieur au diamètre de chaque niveau. Puis découpez autour de chaque cercle des franges d'environ 1 à 2 cm de largeur en veillant à ce que la surface pleine au centre des cercles corresponde au diamètre de chaque niveau. Ce matériau ne se déchire pas. Nouez ensuite deux franges autour de chaque montant du support et autour de l'anneau, à mi-chemin entre deux montants.

② ▲ **Fixez tous les hamacs** de la même manière aux deux autres niveaux. Puis disposez un coussin ou une couverture pliée à chaque étage. Vous pouvez également les fixer, afin qu'ils ne tombent pas à chaque fois que le chat monte ou descend. Serrez toujours solidement les nœuds et veillez à ce que les extrémités qui dépassent ne soient pas trop longues. En jouant avec, le chat pourrait s'empêtrer dedans, voire se les enrouler autour d'une patte ou du cou. Disposez à chaque niveau un coussin douillet et coloré où le chat pourra se coucher. Vous pouvez trouver ces coussins dans les magasins d'ameublement. Vous pouvez également utiliser des coussins de chaise.

③ ▲ **Vous pouvez recouvrir** partiellement l'étage supérieur avec le morceau de couverture restant, afin de créer un abri. Toutefois, laissez toujours une partie dégagée pour que votre chat puisse observer ce qui se passe autour. Vous pouvez également répéter l'opération à un autre étage. Enroulez un morceau de couverture autour d'un des montants et fixez-le. Votre chat pourra s'en servir pour grimper et y faire ses griffes. De préférence, installez la tour à côté d'une porte donnant sur une terrasse ou un balcon, et vissez-la pour plus de stabilité à une grosse plateforme en bois, ou fixez-la au mur.

Fabriquer

Transformer à volonté

Fleurs, rayures, carreaux, jean, couleurs, surfaces soyeuses ou douces, tout est autorisé pour habiller votre tour. Les textiles en microfibres sont faciles à entretenir et supportent des lavages fréquents. Il est judicieux de prévoir deux ou trois garnitures de rechange.

Si vous souhaitez installer votre tour ailleurs, que vous déménagez ou que vous changez de décoration, vous pouvez changer le tissu. Les chats n'ont qu'un seul désir : être en hauteur, se sentir en sécurité et pouvoir s'installer confortablement.

En ce qui concerne le sentiment de sécurité : s'il se sent en confiance, le chat va se montrer curieux et vouloir tôt ou tard inspecter ou utiliser la nouvelle tour. En revanche, si vous lui aviez fait comprendre auparavant que tout se qui se trouvait « en hauteur » lui était interdit, il boudera le nouveau meuble, car pour lui la hauteur ne sera plus synonyme de sécurité. Vous devez donc l'encourager, voire l'installer vous-même sur la tour et le câliner, lui montrer qu'il a le droit de monter. Ainsi, vous rétablirez ce sentiment de sécurité.

① ▲ **Style africain :** les chats qui s'installent sur cette tour sont bien camouflés, car ils y sont bien assortis ! Cette variante peut également vous convenir si votre intérieur est décoré avec des éléments de style africain ou colonial. Pour le chat elle est parfaite, car la couverture en flanelle est particulièrement douillette et agréable.

② ◄ Noir et blanc : vous aimez l'élégance froide ? Cette tour a été habillée exclusivement de noir et de blanc. Explorez les magasins d'ameublement et de décoration intérieure. Vous serez étonné de tout ce que vous pourrez trouver pour aménager la tour de votre chat. Privilégiez tout de même les tissus douillets, sinon votre chat ne se sentira pas assez au chaud et cherchera un autre endroit.

③ ► Sportif, précieux ou rustique : une tour constituée d'une étagère en bois s'accorde bien avec des meubles en bois ou de style rustique. Ici, les différents niveaux sont déjà présents, vous n'avez donc pas besoin d'installer de hamac. Vous pouvez l'habiller de couleurs pastel.

Transformer

Un vrai gourmet

Les chats sont de véritables gourmets. La plupart préféreraient manger directement dans votre main, voire dans votre assiette !

Votre chat vous considère comme sa mère, il apprécie votre présence et attend que vous le nourrissiez. Toutefois, pour que votre chat ne devienne pas trop collant, vous devez faire un compromis. Permettez-lui de manger en hauteur.

La plupart des chats prennent leurs repas dans la cuisine, facile à nettoyer. Réservez-lui un coin sur l'évier ou sur un plan de travail. Il se sentira plus proche de vous. Ainsi, vous pourrez voir s'il mange bien et à quelle fréquence, et s'il lui manque éventuellement quelque chose.

N'oubliez pas l'herbe à chat. La verdure aide les chats à régurgiter les poils et autres éléments indigestes qu'ils ont avalés. Tous les types d'herbe, chlorophytum,

Mes pattes sont propres ! Quand est-ce qu'on mange ?

ciboulette, fines herbes et herbe à chat, non traités bien évidemment, conviennent. Installez-les près de la fenêtre de votre cuisine, et disposez l'écuelle d'eau de votre chat à proximité, sinon il risque de boire dans le sous-pot ou dans l'arrosoir.

De jolies écuelles

Vous trouverez en animalerie des écuelles de toutes sortes, de toutes les couleurs et dans toutes les matières, à tous les prix. Toutefois, vous n'êtes pas obligé d'acheter forcément une écuelle pour animaux. Tous les récipients conviennent, à condition qu'ils ne soient pas trop profonds, qu'ils soient stables, qu'ils puissent contenir de la nourriture et soient faciles à nettoyer. Choisissez-les en fonction de vos goûts et de la décoration de votre cuisine.

Manger en hauteur

Cela satisfait le besoin de sécurité du chat : il a un meilleur point de vue, peut manger plus tranquillement, sans devoir jeter trop souvent un coup d'œil à la ronde, et il est plus proche de vous. Il est indispensable que le chat puisse manger en hauteur lorsqu'il cohabite avec un chien. En outre, cela vous permet de parler à votre chat en vous trouvant à sa hauteur, et de voir comment il va. S'il apprécie, vous pouvez le caresser de temps en temps sur la tête pendant qu'il mange, comme le ferait une maman chatte.

Quand il y a plusieurs chats

Si les chats sont nourris au sol, veillez à ce que ce dernier soit très propre et à ce que l'emplacement ne soit pas trop passager. Les chats aussi ont besoin d'un certain calme lorsqu'ils mangent. L'agitation et les perturbations constantes leur ôtent leur sentiment de sécurité. Les chats peuvent aussi souffrir de brûlures d'estomac !

Un gourmet

Le petit coin

Les chats ont un avantage par rapport à la plupart de nos autres compagnons à poils et à plumes : ils utilisent un bac à litière. Il s'agit là d'un comportement naturel, acquis pour ainsi dire au berceau ! Dès l'âge de trois semaines, le chaton fait de petites expéditions hors du nid. Si vous mettez à sa disposition une petite caisse peu profonde avec un peu de litière, il va commencer par s'amuser à gratter. Bientôt, il l'utilisera pour uriner, et aura acquis les bases de la propreté.

La propreté et les marques territoriales

Les félins, qu'il s'agisse des léopards ou des chats, n'enterrent pas les grosses commissions déposées aux confins de leur territoire, afin de signaler leur présence à leurs congénères. Si le chat est vraiment très sûr de lui, qu'il est par exemple reconnu comme le maître incontesté sur son territoire, il va même faire ses besoins en hauteur. Ainsi, les chats mâles déposent des marques urinaires à des endroits stratégiques, et les chattes laissent les leurs à l'air libre. Lorsque le chat se sent complètement en confiance et qu'il ne ressent pas le besoin de communiquer, il va recouvrir ses excréments par mesure d'hygiène. Nous devons donc veiller à aménager l'environnement de nos chats domestiques pour qu'ils s'y sentent parfaitement bien, et prêter une attention particulière à la litière. Il convient de prévoir deux caisses au minimum en raison de la valeur informative différente de la « petite » et de la « grosse commission », mais si possible davantage, car même en étant situé au 10e étage d'un immeuble, le territoire d'un chat comporte plus de deux frontières, qu'elles soient réelles ou virtuelles. Elles doivent être situées à l'écart, dans un lieu abrité. C'est ainsi qu'elles joueront pleinement leur rôle de « démarcations » et contribueront au sentiment de sécurité du chat.

Si le chat sort dans le jardin, observez où il se rend le plus souvent, puis réservez-lui cet emplacement. Ne plantez rien à cet endroit et maintenez toujours le sol bien meuble. Si le chat aime la terre et qu'il creuse également dans les pots de fleurs

Les secrets de la litière...

Utilisez la litière que votre chat préfère et dans laquelle il gratte le plus volontiers. Tant mieux pour vous s'il préfère une litière agglomérante.

Remplissez suffisamment le bac, de manière que les excréments puissent être correctement enfouis, mais sans atteindre le fond de la litière. Ainsi, le chat ne marchera pas dedans lors de sa prochaine visite.

Prévoyez au moins un bac pour la petite commission et un autre pour la grosse commission, afin de respecter le principe de marquage territorial.

Laissez-vous guider par votre chat pour choisir la litière.

à l'intérieur, vous pouvez les recouvrir avec du grillage, désagréable sous les pattes. Vous pouvez également recouvrir la terre de lourds galets de taille moyenne, ce qui est moins agressif et plus esthétique.

Le grattage

Pour que le sol ne crisse pas autour du bac à litière et que vous ne soyez pas obligé de passer l'aspirateur trop souvent, placez un tapis de bain sous le bac.
La majeure partie de la litière que le chat expulse en grattant ou qui reste collée sous ses pattes y restera accrochée.
La plupart de ces tapis sont de taille appropriée, faciles à entretenir et disponibles dans différentes couleurs,

modèles et styles pour s'adapter à votre intérieur.

La litière

L'utilisation du bac à litière par le chat dépend de la litière qui s'y trouve. Il existe différents types de litière : à base d'argile, de bois, de fibres végétales, absorbant plus ou moins les mauvaises odeurs, fines ou plus grossières, chères ou bon marché, poussiéreuses ou non, agglomérantes ou non, légères ou lourdes, compostables ou non. Avant de choisir une litière en fonction de sa consistance, son prix ou son poids, demandez l'avis de votre chat ! Plus sérieusement, achetez par exemple trois types de litière dans la plus petite quantité disponible,

remplissez un bac de chaque et observez votre chat. Poursuivez le test avec plusieurs litières en conservant toujours la litière favorite et en remplaçant les deux autres jusqu'à ce que vous soyez satisfait.

Petit coin

Les bacs à litière

La litière du chat est souvent négligée. Pourtant, elle nous facilite grandement la vie, et a une importance capitale pour le bien-être de notre matou.
Pourquoi ne pas lui offrir ce qu'il y a de meilleur ?

Les animaleries proposent de nombreux modèles de bacs à litière. La plupart des bacs sont très perfectionnés, parfois avec des filtres au charbon actif, et sont plus ou moins faciles à manipuler. Vous devriez pouvoir trouver un modèle qui convienne à votre habitation. Le chat doit avoir suffisamment de place. Si vous avez plusieurs chats, le bac doit être suffisamment grand pour accueillir deux chats en même temps, et profond, pour que vous puissiez le remplir correctement. Le bord doit être haut, car tous les chats ne s'accroupissent pas. Un toit donne un sentiment de sécurité à la plupart des chats, mais d'autres préfèrent voir ce qui se passe à la ronde pendant qu'ils font leur petite affaire, car ils n'ont pas la possibilité de s'enfuir pendant qu'ils font leurs besoins ! Les bacs et caisses en plastique ont fait leurs preuves et sont bon marché.
Si vous avez plusieurs chats, vous pouvez même utiliser un bac à mortier. Les plus petits modèles à bord bas conviennent bien aux chatons.

1 ◄ **Des caisses colorées :** les caisses en plastique font de parfaits bacs à litière. Elles existent en différentes dimensions, opaques ou transparentes, dans des coloris tendance. Vous pouvez les placer sur un petit tapis de bain : faciles à secouer et à laver, ils existent en différentes couleurs et avec différents motifs.

▸ **Avec un toit :** les « maisons de toilette » sont plus esthétiques. Lors de l'achat, vérifiez que le rebord intérieur du couvercle recouvre bien le rebord du bac, sinon l'urine risque de s'infiltrer à l'extérieur. Toutefois, les chats n'apprécient pas tous ces maisons et si vous possédez plusieurs matous, il se peut que l'un d'eux empêche un congénère mal assuré de sortir. C'est pourquoi il est nécessaire de prévoir une autre caisse ouverte afin que le chat dispose d'un endroit plus sûr.

◂ **Dans un coin :** les bacs à litière triangulaires sont très pratiques car ils peuvent être installés sans problème dans un coin de la pièce, et même éventuellement sous un rangement ou une étagère d'angle suffisamment haute. Ces bacs existent avec ou sans toit, et dans différents coloris. Un tapis disposé au-dessous sera très joli et vous facilitera le travail en recueillant la litière tombée à l'extérieur.
De nombreux chats apprécient ces bacs, car leur forme et leur emplacement protégé dans un coin leur donnent un sentiment de sécurité.

Bacs à litière

ZOOM

En liberté

Au soleil et au grand air

Sans soleil ni grand air, votre chat ne peut pas rester éternellement en bonne santé. C'est pourquoi vous devez veiller à ce qu'il ait accès à ces éléments vitaux.

Les fenêtres et les balcons

La lumière du soleil est essentielle au système immunitaire et au métabolisme de votre chat. Celui-ci ne peut entretenir ses sens qu'au contact des odeurs, des objets en mouvement et de la nature.

▶ **Si vous n'avez pas de balcon,** équipez au moins une fenêtre d'un filet de protection. C'est un minimum.

▶ **Si vous avez un balcon,** c'est déjà mieux, mais il faut absolument le sécuriser.

▶ **Les chats savent parfaitement estimer la hauteur.** Ainsi, un rez-de-chaussée surélevé ou un premier étage les impressionnent peu. Il leur suffit de calculer à l'avance les mouvements à effectuer pour pouvoir

atterrir sur leurs pattes. La preuve : nombre de chats ont déjà sauté de cette hauteur. La plupart du temps, ils s'en sortent bien, excepté qu'ils se retrouvent en terre inconnue (et que vous vous faites alors du souci).

▶ **Ne croyez surtout pas** que le chat est capable de faire des calculs lorsqu'il s'élance sur la balustrade du balcon à la poursuite d'un insecte. Dans ces circonstances, il se trompe souvent dans ses estimations car il est concentré sur autre chose, et il peut facilement se blesser.

Les mesures à prendre

Les filets ou grillages disponibles dans le commerce permettent de sécuriser pratiquement n'importe quel fenêtre ou balcon. Vous pouvez en améliorer l'aspect en ajoutant quelques plantes ou en aménageant une petite aire de jeux dans des jardinières. Il existe également

Il y a toujours quelque chose d'intéressant à observer à l'extérieur.

des filets colorés parfaitement assortis à votre mobilier de balcon. Toutefois, vous les trouverez plutôt en jardinerie parmi les accessoires destinés à l'aménagement des terrasses, jardins et espaces de jeu, ou dans les magasins de pêche. Veillez toutefois à ce que la taille des mailles ne dépasse pas 4 cm sur 4, afin que votre chat ne puisse pas y passer la tête. Un aménagement relativement dégagé, qui laisse au chat la possibilité de voir le sol, l'aide à estimer la hauteur à laquelle il se trouve. Installez sur le balcon un arbre à chat équipé d'une plateforme surélevée. Fixez-y une vieille branche ou un morceau d'écorce, afin que le chat puisse y faire ses griffes. Lorsqu'il ne fait pas trop froid, la plupart des chats sortent volontiers sur le balcon par temps de pluie. Il peut donc être judicieux d'aménager un abri. L'idéal est d'aménager votre balcon de manière à pouvoir laisser la porte ouverte aux beaux jours, lorsque vous vous absentez. Ainsi, votre chat pourra sortir quand il veut.

Le balcon est parfaitement sécurisé et le chat peut donc profiter du soleil et de l'air frais.

À SAVOIR
Fabriquer une plateforme d'observation pour le balcon

Achetez un support à trois pieds en bouleau, tel que ceux que l'on trouve par exemple à l'automne dans les magasins de bricolage pour installer les abris à oiseaux.
En lieu et place d'un abri, vissez une plateforme constituée d'une planche en bois ou d'un panier d'osier plat.
Pour aider le chat à grimper, entourez un pied de cordage.

Au grand air

Se mettre au vert

Les chats aiment tout naturellement vivre entourés de verdure. Faites plaisir à votre matou en agrémentant votre intérieur de grandes plantes arbustives, telles qu'un hibiscus ou un dracéna. Si le tronc est suffisamment solide, vous pourrez même laisser votre chat l'escalader. Vous pouvez également installer une plateforme dans le feuillage.

Une jungle miniature

Votre bienheureux matou a désormais à sa disposition quelques rebords de fenêtre pour observer ce qui se passe à l'extérieur, se réchauffer près du radiateur ou se prélasser au soleil.

▸ **Installez des plantes** sur les bords de fenêtre, votre chat a besoin de se sentir comme dans une « jungle ».

▸ **Un bol d'eau** ou une petite fontaine d'intérieur est parfait pour maintenir l'humidité de l'air, bénéfique pour vous et vos plantes. Par ailleurs, la plupart des chats aiment observer l'eau en mouvement d'une fontaine. Ils jouent avec et la boivent volontiers.

▸ **Un pot avec de l'herbe,** des bambous miniatures parfois spécialement destinés aux chats ou du papyrus peut également compléter la mini-jungle de votre chat.

Sur le balcon

N'hésitez pas non plus à verdir votre balcon ou votre terrasse. Vous pouvez utiliser les grandes jardinières parfois intégrées au balcon des maisons et y planter de la verdure, des plantes aromatiques ou aménager une véritable forêt miniature pour votre chat. Si vous ne disposez pas de telles jardinières, vous pouvez acheter des balconnières ou de grands bacs. Les jardinières en bois pour les plantes grimpantes, avec un grillage intégré, ou différents modèles de porte-plantes permettent de disposer une multitude de plantes à différents niveaux. Vous embellissez votre balcon ou votre terrasse, et vous le rendez en même temps attractif pour votre chat. N'oubliez pas de disposer une belle branche avec de l'écorce au milieu de cette verdure pour que votre chat puisse y faire ses griffes.

Un désert miniature

Vous ferez particulièrement plaisir à votre chat si vous aménagez au milieu de sa petite jungle un monticule en argile ou une grande pierre plate, qui

Un abri original pour somnoler : un four mexicain.

Les pierres chauffées au soleil sont parfaites pour piquer un petit somme.

ont la propriété d'absorber rapidement la chaleur, et où il pourra se prélasser au soleil. Aménagez également des coins ombragés à l'aide de plantes buissonnantes telles que des genêts ou du cotonéaster, sous lesquelles votre matou pourra se réfugier pour dormir.

Les chats prennent occasionnellement un bain de poussière, lorsqu'ils en ont la possibilité. Cela fait du bien à leur fourrure et les protège des parasites lorsqu'ils vivent à l'extérieur. Observez votre chat lorsqu'il se roule dans la poussière sur votre terrasse, vous pourrez voir ses yeux briller de plaisir !

Ne balayez pas trop souvent les dalles de votre balcon ou de votre terrasse, pensez à garder un peu de poussière pour votre chat !

À SAVOIR
Les briques creuses

Vendues en jardinerie, elles servent à réaliser des bordures ou des murs dans lesquels on peut réaliser des plantations et sont parfaites pour aménager les balcons et terrasses.

Plusieurs modèles existent selon la forme (carrée, semi-circulaire ou ovale), et le coloris.

Disposées en escalier et posées sur chant, vous pourrez y mettre des plantes. Si vous les couchez, elles pourront servir de tunnel, de cachette ou d'abri pour dormir.

Au vert

Le chat au jardin : un semblant de liberté

Imaginez que votre chat puisse profiter des joies du jardin avec vous. Seule condition préalable : le sécuriser et l'aménager pour que le chat s'y sente bien et qu'il soit agréable pour tous les occupants de la maison.

La principale attraction de ce jardin : un arbre fruitier.

La sécurité est essentielle

La superficie de jardin partagée avec votre chat doit être limitée. Déterminez vos emplacements préférés, à quel endroit vous souhaitez aménager le jardin de votre matou et les avantages et les inconvénients de chaque type de clôture.

▸ **Clôturer** un jardin de taille réduite jusqu'à une hauteur de 2 mètres avec un filet pour chat est facile. Ces filets sont très discrets et peuvent être dissimulés par des plantes grimpantes.

▸ **Un filet pour chat** n'est en principe pas un véritable obstacle, mais il forme une barrière psychologique ; si le chat l'escalade, le filet oscille et le petit grimpeur ne se sent pas en sécurité.

▸ **Les chats escaladent les grillages** aussi facilement qu'un tronc d'arbre. Ainsi, il faut sécuriser le sommet de l'enclos avec 50 cm de grillage disposé en biais vers l'intérieur.

▸ **Les clôtures électriques**

pour chat peuvent être déplacées très facilement.

▸ **Une grande volière** peut être du plus bel effet dans un jardin d'hiver ou sur une grande terrasse.

Un paysage miniature

Lors de l'aménagement du jardin de votre chat, vous devez inclure des éléments tels que des arbres, des murets, une cabane de jardin, des plantes ligneuses, de la pelouse et des plates-bandes. Créez un paysage varié pour votre matou. Des chemins de patrouille, des postes de guet, des endroits pour se reposer répartis à différentes hauteurs et un arbre offrent au chat tout ce dont il a besoin pour se divertir.

La vie au jardin

Chasser les papillons, guetter les souris, observer les oiseaux... Votre chat pourra pratiquer toutes ces activités si vous n'entre-

Un petit grillage suffit, à condition qu'il descende suffisamment bas.

tenez pas trop méticuleuse-ment votre jardin ! Les murs de pierre laissés à l'abandon abritent souris et lézards. Les plantes herbacées vivaces et les arbustes attirent les papillons, les insectes et les oiseaux, tout comme un étang entouré de verdure.

Plantez différents types de graminées et d'herbes comme de l'herbe à chats, de l'origan, du thym. Pré-voyez également un empla-cement recouvert de terre, qui se réchauffe rapidement au soleil. Votre chat pourra y prendre des bains de sable ou de soleil. À moins qu'il ne s'en serve pour creuser et y faire ses besoins s'il est situé en périphérie du jardin, à proximité du terri-toire d'autres chats.

Au jardin

Les îlots de nature

En raison de son comportement territorial, votre chat appréciera de disposer d'un petit bout de territoire en plein air. Il va y établir ses trajets routiniers et déposer son odeur aux endroits stratégiques.

Pour offrir à votre chat un environnement varié dans un espace restreint, vous devez prévoir quatre aménagements spécifiques, les îlots de nature : un monticule de sable ou d'argile, de la terre nue, un tapis de foin et un petit pâturage. Vous pouvez aussi bien les installer dans le jardin que sur un balcon spacieux. Le balcon doit toutefois disposer d'une grande jardinière avec des plantes, ou d'une surface suffisante. Vous pourrez y installer de grandes bassines ou des bacs à fleurs, dans lesquels vous pourrez aménager les quatre îlots. Au jardin, vous pourrez intégrer ces îlots au paysage selon vos goûts. Toutefois, il peut être utile d'observer d'abord le chat dans le jardin, car il est possible qu'il vous donne des indices sur les endroits qu'il préfère pour s'étendre au soleil, creuser ou faire le guet.

① ◀ **À l'instar des guépards,** en Afrique, qui aiment s'installer sur un monticule de sable ou d'argile, les chats apprécient les monticules de terre ou les rochers. Ils peuvent observer les alentours et apprécient manifestement la chaleur dégagée par la pierre ou la terre. Le plus simple est de former un monticule avec de l'argile ou du sable humide, qui va durcir en séchant. Vous pouvez construire ce monticule dans le jardin ou dans un bac sur la terrasse.

② ◄ **Des emplacements recouverts de terre nue** peuvent être aménagés aux confins du jardin. Remplissez un creux avec un mélange de sable et d'humus qui ne s'assèche pas, car à cet endroit la terre doit toujours rester meuble. Si le chat y fait ses besoins, remplacez réguliè-rement la terre souillée et compostez-la.

③ ▸ **Au jardin,** laissez sécher l'herbe coupée au soleil, puis formez un petit matelas dans un creux. Sur une terrasse, vous pouvez utiliser une coupe aplatie en terre cuite et la capitonner avec du foin parfumé pour lapin disponible en animalerie.

④ ▲ **Les chats aiment l'herbe,** et pas seulement pour la mâchouiller. Ils s'allongent volontiers sur la pelouse. Si l'herbe est suffisam-ment haute, légèrement courbe et rigide, ils pro-fitent d'une cachette ombragée ou de broussailles bruissantes pour s'amuser. Plantez quelques herbes ornementales comme par exemple de la grande laîche pleureuse, qui répond parfaitement à ces caractéristiques.

Îlots de nature

Fabriquer une **tour** d'escalade

Une tour d'escalade et de guet est un aménagement très divertissant pour votre chat, et très facile à construire.

Au cours de ces dernières années, de nombreux zoos accueillant des grands félins ont mené une réflexion sur les besoins naturels de leurs pensionnaires. La plupart des zoos traditionnels sont peu spacieux, et les cages ne sont plus d'actualité. Reste à savoir comment améliorer la vie de ces animaux. Outre la possibilité de les occuper plus long-temps avec de la nourriture, leurs enclos sont désormais mieux aménagés. Les lions et les tigres ont à leur disposition des plateformes surélevées, les guépards des monticules de sable ou de rochers ainsi que des « arbres à jeux » pour faire leurs griffes et déposer leur odeur. Prêtez-y attention lors de votre prochaine visite au zoo !
Pourquoi ne pas prendre exemple sur les zoos ? Construisez à votre chat une tour de guet dans votre jardin !

Une base stable

Étape 1

▶ Pilier principal : lors de la construction d'une tour de guet, il est important que le tronc central soit bien ancré au sol. Utilisez un pilier de bois de 1,5 à 2 mètres de hauteur. Si la terre est argileuse et dure, vous pouvez le fixer à l'aide d'ancres pour piquets de clôture disponibles dans les magasins de construction ; sinon coulez-le dans du béton.

▶ Piliers secondaires : en fonction du style de votre jardin, vous pouvez utiliser des poteaux en bois préfabriqués, des branches brutes et solides ou des troncs naturels posés de biais contre le pilier principal. Plantez-les dans le sol ou maintenez-les bien en place à l'aide de grosses pierres. Vissez-les au sommet du pilier principal ou fixez-les avec du cordage.

La structure

Étape 2

▶ Faciliter la grimpe : les différents piliers doivent pouvoir être escaladés facilement. Vous pouvez entourer les zones lisses de cordage ou y fixer de l'écorce, ou encore de grands morceaux de liège servant à l'aménagement des terrariums, pour aider votre chat à monter et à descendre.

▶ Au sommet : vous pouvez utiliser une planche en bois de forme quelconque qui servira de support au poste de guet. Veillez à ce que sa taille permette au chat d'y accéder facilement. Vissez solidement la planche au pilier central. Vous pourrez ensuite y installer le poste de guet.

Le poste de guet

Étape 3

▶ Le nid de cigogne : fixez un panier d'osier rond sur la plateforme et installez un matelas d'herbe artificielle à l'intérieur. Les chats pourront s'y installer pour dormir. Vous pouvez également installer une boîte en bois ouverte sur les côtés. Dans tous les cas, le poste de guet doit être solide et stable.

▶ Variantes : vous pouvez construire la tour avec des matériaux bruts ou avec du bois teint traité avec des produits non toxiques, le chat ne verra pas la différence. Modifiez la structure de temps en temps, construisez un tunnel à l'aide d'un tube de liège ou installez une nouvelle voie d'accès sous la forme d'une branche inclinée. Votre chat appréciera ces transformations.

La liberté avec un grand L

En tant qu'amoureux des chats, vous n'y couperez pas : même si vous offrez à votre chat d'intérieur tout ce dont il a besoin pour être heureux, les sorties au grand air auront toujours sa préférence, car elles correspondent à sa véritable nature.

Vous ignorez ses agissements

Lorsqu'il se promène en liberté, votre chat fait vraiment ce qu'il veut. Il se complaît à sortir la nuit, rentrer au petit matin, vider son écuelle, se rouler en boule sur le lit et dormir toute la journée. Dans l'après-midi, il va se réveiller, s'étirer, vous tenir compagnie un moment avant de reprendre sa vie nocturne. Vous ne saurez jamais vraiment ce que fait votre chat à l'extérieur.

Même les scientifiques qui réalisent des études sur le terrain perdent leurs chats de vue la plupart du temps. Peut-être vaut-il mieux que vous ignoriez que votre chat part à la chasse dans le voisinage, qu'il prend des risques en escaladant les toits ou qu'il agace les oiseaux. Lorsqu'il rentre à la maison avec les oreilles en dentelle, vous vous doutez qu'il s'est bagarré avec des congénères. La surveillance de son territoire est l'une des activités les plus « sérieuses »

du chat. Comme sa vie amoureuse et la chasse. Chaque souris que votre chat rapporte à la maison est un compliment pour vous : « je vais bien et je suis suffisamment en forme pour te ravitailler ! » Là encore, vous jouez le rôle de la maman chatte.

Évaluer les risques

Avant de laisser votre chat en liberté, réfléchissez aux aspects suivants :

▶ **Si vous habitez dans les derniers étages** d'un immeuble, les conditions pour laisser votre chat sortir en liberté ne sont à priori pas idéales. Le chemin est long pour monter et descendre, les alentours sont animés, urbanisés et il y a beaucoup de circulation.
▶ **En revanche,** si vous habitez au calme, dans une zone comptant beaucoup de jardins et de verdure, votre chat court moins de risques.
▶ **Vous pouvez le laisser sortir**

Comment protéger au mieux votre chat en liberté ?

Faites-le vacciner contre les maladies les plus courantes.

Faites-le régulièrement vermifuger, car le risque d'être contaminé par des parasites augmente à l'extérieur.

Faites-le tatouer et/ou pucer, il ne sera plus considéré comme « errant ».

Stérilisez-le pour éviter les longues absences et les portées non désirées.

Dans le sapin, à la lisière du bois, le chat fait concurrence au hibou.

la nuit, il y a moins de circulation et le chat sera dans son élément.

Tous les chats sont différents

La décision de laisser votre chat sortir ou non dépendra beaucoup de sa personnalité. Certains chats ne peuvent absolument pas supporter de vivre enfermés et vous le feront clairement comprendre. Les chats actifs et sûrs d'eux-mêmes essaieront toujours de sortir par un moyen ou un autre.

Les chats plus âgés et plutôt calmes sortent généralement moins longtemps et vont moins loin. D'autres accordent plus d'importance à leur mère de substitution humaine qu'à leur liberté. Leur espace vital est moins étendu. Ces chats se contentent sans problème des balcons, terrasses ou jardins, car ils ne sont pas « accros » à la vie en liberté. Toutefois, aucun chat ne renoncera complètement à ses balades à l'extérieur, même le plus heureux des chats d'intérieur.

À SAVOIR
Ouverture automatique des portes !

L'installation d'une chatière avec différentes possibilités d'ouverture et de fermeture est extrêmement utile si votre chat se promène en liberté.
Le chat sonne : un paillasson électronique, disponible en animalerie, déclenche une sonnette lorsque le chat se trouve devant la porte de la maison.

Chat en liberté

Réduire les risques

Peu importe que votre matou se balade dans la maison, sur le balcon, dans le jardin ou en totale liberté, sa vie n'est jamais totalement dénuée de risques. Vous pouvez toutefois en écarter la plupart.

Les précautions à prendre

Les chats introduisent leur tête n'importe où. Cet instinct, qui peut les sauver, peut également souvent les conduire à se retrouver coincés. Dans ce cas, ils vont systématiquement tirer leur tête ou la partie coincée de leur corps en arrière pour se dégager. Fenêtres basculantes, longs cordons défaits, câbles téléphoniques, piles de bois, arbres aux ramifications très denses : tous ces éléments peuvent présenter un risque important pour le chat. Sécurisez les fenêtres et écartez les éventuels autres risques.

▸ **Son goût pour les espaces sombres,** les trous et les fissures conduit souvent le chat à se glisser dans les machines à laver, tiroirs, gaines d'aération, soupiraux des caves ou des garages, où il peut se retrouver enfermé par inadvertance et dont il ne peut plus sortir parce que l'issue est trop haute. Bouchez toutes les ouvertures dangereuses et faites les vérifications qui s'imposent avant de fermer une porte ou un tiroir.

▸ **Le chat peut glisser** sur les surfaces humides. Une baignoire pleine ou un étang profond présentent un risque, notamment si le chat n'a aucune possibilité d'en sortir.

▸ **Mettez sous clé** vos médicaments, détergents, produits chimiques, huiles et peintures afin que le chat ne puisse pas entrer en contact avec eux par inadvertance. Il risque de lécher ces substances sur sa fourrure et de s'intoxiquer.

Plus vous informez votre voisinage que vous avez perdu votre chat, plus vous avez de chances de le retrouver.

En cas de disparition

Un chat peut disparaître sans laisser de trace même à l'intérieur d'une habitation. Si vous ne parvenez pas à le retrouver, réfléchissez d'abord à tous les endroits sombres que recèle votre habitation, puis vérifiez si votre chat ne s'y trouve pas. Avez-vous regardé à l'intérieur des armoires, caisses, et autres « cachettes » ? Par chance, il finit toujours par réapparaître ou par se manifester en miaulant. Si votre vagabond a disparu, n'envisagez pas pour autant le pire. Il est très inquiétant de ne pas savoir s'il est toujours en vadrouille parce que son territoire est très étendu ou parce qu'il s'est retrouvé emprisonné quelque part, a eu un accident ou a été emporté par quelqu'un. Si la disparition de votre chat est beaucoup plus longue que d'habitude, signalez-la à la police, aux refuges, aux vétérinaires et au voisinage. Si vous avez déménagé, il est possible que votre chat soit retourné à votre ancien domicile. Contactez vos anciens voisins.

Quel bonheur quand son chat rentre à la maison !

Quelques petits
Extras pour ton chat

Les chats aiment qu'on joue avec eux. Ils adorent attraper et chasser de petits objets, mais également se cacher. Voici quelques idées pour que ton chat ne s'ennuie pas.

Les chats apprécient particulièrement les jeux « compliqués ». Par exemple, lorsqu'un jouet disparaît à un endroit et réapparaît à un autre.
Tu peux facilement bricoler un tunnel avec de la moquette et y faire passer un jouet attaché à une ficelle. Toutefois, n'oublie pas que ton chat a des griffes et qu'il aime s'en servir lorsqu'il joue. Et quand il n'a plus envie de jouer, tu dois le laisser tranquille car il aime les jeux brefs et rapides, ce n'est pas un sportif d'endurance !
C'est pourquoi il fait souvent de courtes pauses... mais tu n'auras pas à attendre longtemps avant qu'il ait de nouveau envie de jouer !

①

▲ Il est très facile de fabriquer un jouet pour son chat avec des plumes.
Tu as simplement besoin d'un ruban textile adhésif et de quelques plumes colorées. Tu peux les trouver dans différents coloris dans les magasins de bricolage ou de loisirs créatifs. Tu as également besoin de bolduc ou d'un morceau de ficelle.
Ta maman en a certainement à la maison.

②

▲ Sur un morceau de ruban adhésif d'environ 20 cm de longueur, place quelques plumes en veillant à les espacer. Fais ensuite un nœud à chaque extrémité de la ficelle et place une extrémité au bout du ruban.

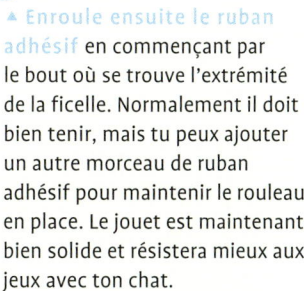

③

▲ Enroule ensuite le ruban adhésif en commençant par le bout où se trouve l'extrémité de la ficelle. Normalement il doit bien tenir, mais tu peux ajouter un autre morceau de ruban adhésif pour maintenir le rouleau en place. Le jouet est maintenant bien solide et résistera mieux aux jeux avec ton chat.

④

▲ Les maisonnettes en carton : retourne une boîte en carton, découpe une ouverture dans une paroi, quelques fenêtres plus petites et une ouverture au sommet. La maison de ton chat est prête ! Place un jouet à l'intérieur sous les yeux de ton chat, et en deux temps trois mouvements il se lancera à sa poursuite ou essaiera de le « pêcher ».

À SAVOIR

Il existe de célèbres félins de bande dessinée et de dessin animé : Garfield, Félix, Sylvestre, la panthère rose ou encore Tigrou.
De nombreuses expressions font référence aux chats : « chat échaudé craint l'eau froide », « être comme chien et chat », « faire une toilette de chat », « la nuit, tous les chats sont gris », « avoir d'autres chats à fouetter », « avoir un chat dans la gorge », « les chiens ne font pas des chats », « appeler un chat un chat », « donner sa langue au chat ». Sais-tu ce qu'elles signifient, et en connais-tu d'autres ?

Les chats sont des carnivores qui chassent volontiers des petits rongeurs. Toutefois, ils ne mangent pas que des souris : oiseaux et lézards figurent également à leur menu, qui est varié.

Ils capturent toujours leurs proies vivantes, et ne font pas de réserves. Lorsqu'ils ont la possibilité de sortir, nos chats domestiques ne se refusent pas une petite proie bien fraîche !

La plupart des chats préfèrent les sources d'eau « courante », comme le robinet ou l'arrosoir.

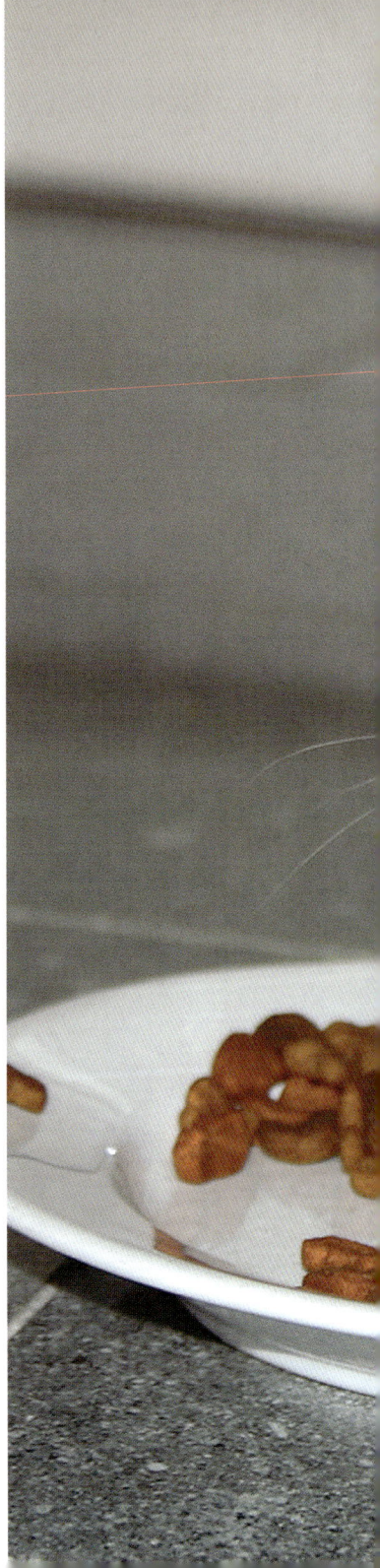

Les bases
de l'alimentation

Du chasseur au gourmet

Le chat est à l'affût depuis déjà un bon moment, dissimulé dans l'herbe haute de la prairie après s'être approché du trou à pas feutrés. C'est alors qu'un petit museau pointe brièvement hors son trou. Enfin, le petit rongeur fait son apparition. Patient, le chasseur se tient immobile, puis bondit au moment le plus opportun et tue la petite bête d'un coup de dent. Il part ensuite se cacher avec sa proie, avant de la dévorer entièrement ; peau et poils inclus.

Ce repas contribue à maintenir le chat actif et en bonne santé ; et chaque capture lui permet d'acquérir un peu plus d'expérience. Cette expérience associée à son instinct de chasseur en fait une véritable machine à tuer, qui côtoie l'homme depuis déjà plusieurs millénaires.

Les différents types de régime alimentaire

Les mammifères se répartissent en trois groupes, en fonction de leur mode d'alimentation. On distingue :

▶ **Les carnivores :** on trouve dans ce groupe des prédateurs tels que les félins ou les canidés, c'est-à-dire, outre les chats domestiques, les lions et les tigres, les renards, les loups et les chiens. Les carnivores se distinguent par leur mâchoire et des intestins relativement courts.

▶ **Les herbivores** comptent parmi les proies préférées des carnivores. Leurs intestins sont relativement longs et sont colonisés par des bactéries spécifiques.

Les oiseaux sont au menu du matou...

> **À SAVOIR**
> **L'héritage des ancêtres**
>
> **Les mouvements rapides** fascinent les chats.
> **Les chats apprécient la nourriture fraîche :** pas de réserves chez nos matous !
> **La plupart des chats** préfèrent prendre plusieurs petits repas fractionnés qu'un seul « gros » repas.

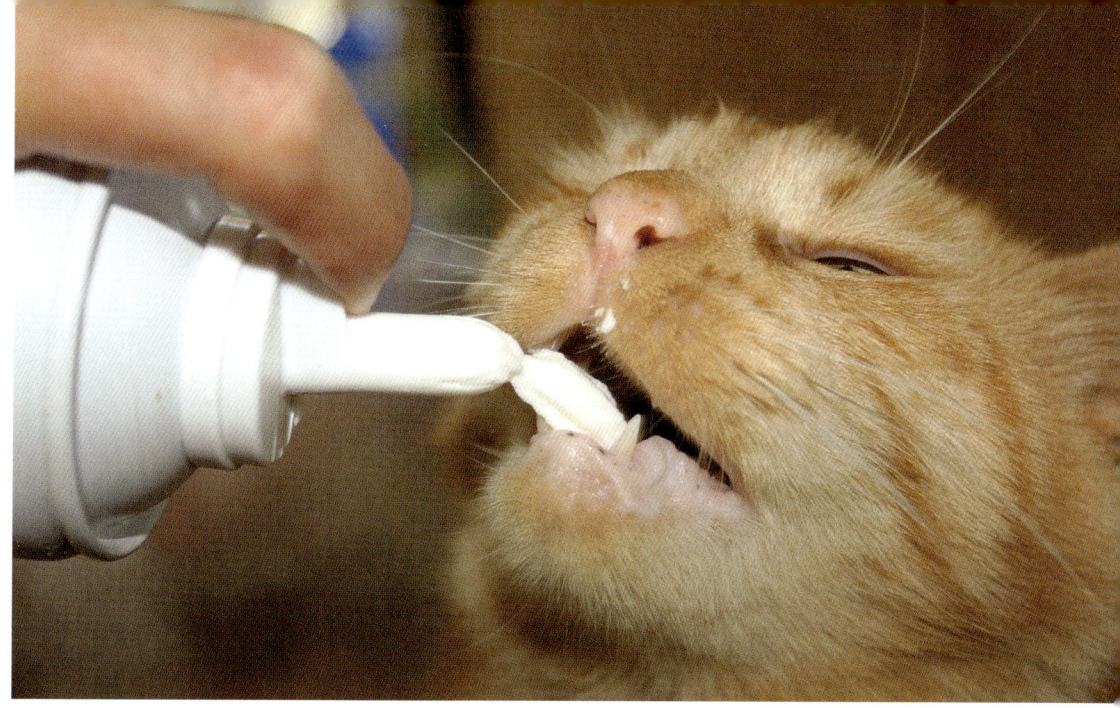

...mais un peu de crème Chantilly ne se refuse pas !

En outre, leurs molaires sont dotées d'une surface de mastication importante et leurs incisives sont assez développées. On compte parmi leurs principaux représentants les bœufs, les chevaux et les chevreuils, mais également les lapins et certains rongeurs.

▸ **Les omnivores** sont à la fois carnivores et herbivores. La longueur de leurs intestins se situe à mi-chemin entre celle des carnivores et celle des herbivores. Leurs dents présentent des caractéristiques des deux groupes. Le cochon est un parfait représentant de ce groupe. Cette classification constitue un cadre très rigide : certaines caractéristiques ont

été érigées en norme, alors que d'autres ont été laissées de côté. Les experts sont divisés au sujet de l'appartenance de certains animaux à un groupe ou à un autre. L'homme, par exemple, possède à la fois l'intestin d'un omnivore et la mâchoire d'un herbivore.

Des animaux très utiles

Si un chat devait se nourrir seul aujourd'hui, son alimentation différerait peu de celle de ses cousins sauvages. Les petits rongeurs et les oiseaux constituent la majeure partie de ses proies, et il ne se refuse pas un

lézard, un gros insecte, voire un poisson de temps en temps. C'est sa cohabitation avec l'homme qui a forgé ce mode d'alimentation. Depuis des millénaires, l'homme met à profit l'instinct de chasseur du chat : silo à céréales, cargos et magasins à fourrage auraient été inenvisageables sans les chats. Pour ne pas « émousser » leur instinct de chasseur, ces derniers n'étaient pratiquement pas nourris, mais ils recevaient au maximum une écuelle de lait devant la porte de l'étable. Du fait de cette « stimulation », les chats d'aujourd'hui n'ont rien perdu de leurs compétences de chasseurs !

Un chasseur

La digestion

Le principe « ingestion puis digestion » est identique chez tous les animaux : la nourriture est ingérée, puis ressort sous forme d'excréments. Mais que se passe-t-il entre-temps ? Découvrez ce merveilleux système.

La gueule et l'estomac

Les chats sont de véritables carnivores. Leur mâchoire dotée de 30 dents est parfaitement adaptée pour tuer et déchiqueter de petites proies. Les petites incisives situées à l'avant saisissent la nourriture (ou la proie), et les crocs semblables à des poignards servent à porter le coup fatal. Les molaires déchiquettent la proie ; en revanche, elles sont moins adaptées pour écraser la nourriture. La langue râpeuse est utilisée comme un racloir, pour lécher les os par exemple. Enfin, les aliments imprégnés de salive sont avalés. L'estomac produit également des mucosités abondantes. C'est important, car les sucs gastriques du chat sont si puissants que son estomac s'autodigérerait s'il n'était pas tapissé de ce film protecteur. Ainsi, il peut digérer des éléments qu'un estomac humain aurait du mal à supporter : des os de souris ou de la viande crue par exemple. L'estomac est un organe très sensible. Les sucs gastriques et le mucus sont produits en quantités suffisantes lorsque les stimuli nerveux annoncent l'imminence d'un repas. En revanche, le stress ou la peur inhibent l'activité gastrique : tout comme chez l'homme, les émotions ont une influence sur l'estomac du chat. Une atmosphère détendue au cours du repas est importante pour l'homme comme pour le chat, afin que la digestion puisse se mettre en route.

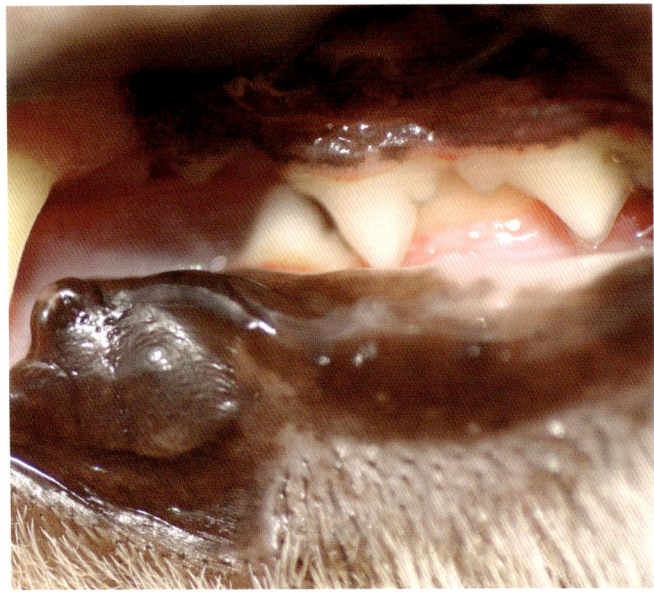

La mâchoire d'un chat est un outil parfait pour attraper, tuer et déchiqueter de petits animaux.

La digestion se prépare dans l'estomac

La salive du chat ne contient pas d'enzymes. C'est pourquoi il peut se permettre d'avaler la nourriture très rapidement : contrairement à ce qui se passe l'homme, la transformation des aliments ne commence pas dans la bouche. Ce n'est qu'une fois dans l'estomac qu'une partie des protéines contenues dans la nourriture est décomposée en toutes

Au menu du jour : un lézard !

petites parties, tandis que les nutriments restants (glucides et lipides) sont absorbés une fois dans l'intestin grêle. Les contractions de l'estomac vont permettre de malaxer le bol alimentaire avec les sucs gastriques jusqu'à lui faire prendre l'aspect d'une bouillie, le chyme. Jusque-là, le processus de digestion était principalement mécanique. Dès que le chyme passe dans l'intestin, la digestion dite « enzymatique » commence. Les enzymes présentes dans l'intestin fractionnent les nutriments afin de leur donner la forme la plus simple possible.

Digestion

La digestion (suite)

Dans l'intestin grêle, les enzymes fractionnent les nutriments afin de leur donner la forme la plus simple possible : c'est la simplification moléculaire. Le foie et le pancréas sont de véritables « usines à enzymes ». L'intestin est colonisé par des bactéries qui dégradent les substances non assimilables.

L'intestin grêle

C'est dans l'intestin que débute la digestion chimique, c'est-à-dire la transformation des nutriments par des agents biochimiques, les enzymes. Ces dernières sont fabriquées par le pancréas et le foie puis libérées dans l'intestin. La plupart des enzymes ne s'activent qu'une fois dans l'intestin, sinon elles digéreraient l'organe qui les produit ! L'intestin est protégé contre l'autodigestion : comme l'estomac, il produit un mucus protecteur. Mais les enzymes ne sont pas les seules à contribuer à la digestion. Les contractions des muscles des intestins malaxent constamment le bol alimentaire. Les milliers de replis de la muqueuse intestinale (appelés « villosités ») multiplient par 600 sa surface, ce qui optimise l'absorption des nutriments.

L'absorption des nutriments et l'élimination des déchets

Jusqu'à présent, l'organisme s'est borné à accomplir une seule tâche : fractionner les aliments en éléments assimilables. Les cellules intestinales absorbent les vitamines et les minéraux, et les font passer dans le sang. Le foie est le « poste de commande » de la transformation des nutriments. Naturellement, ce processus engendre des déchets. Ces déchets sont éliminés de l'organisme dans l'urine par les reins et par la bile dans les selles. On comprend donc mieux pourquoi des aliments non adaptés peuvent affecter les reins et le foie à long terme.

Les chatons apprennent rapidement à devenir propres.

Ce chat roux déguste son poisson comme un festin !

Dans le gros intestin

Lorsque le contenu de l'intestin grêle entre dans le gros intestin, la digestion est pratiquement terminée. Le gros intestin ne présente pas de villosités intestinales, mais contient des bactéries chargées de dégrader les nutriments non assimilés. Si les aliments contiennent des protéines mal assimilables (comme du cartilage), ces dernières seront dégradées dans le gros intestin par les bactéries intestinales. Celles-ci peuvent envahir l'intestin grêle (qui ne contient normalement qu'une microflore réduite) et entraîner des troubles digestifs. Un excès de glucides (amidon et sucre) peut également nuire à l'équilibre bactérien.

À SAVOIR
Préserver sa flore intestinale

Une administration prolongée d'antibiotiques peut perturber l'équilibre de la « bonne » flore et entraîner des diarrhées.
Une mauvaise alimentation (contenant par exemple des protéines de mauvaise qualité) peut favoriser la « mauvaise » flore à long terme.
Un excès de glucides et de fibres peut conduire à une prolifération des germes intestinaux.
Des cultures bactériennes réalisées par le vétérinaire peuvent aider à restaurer la flore intestinale.

Digestion

Les soins des dents

Lorsqu'on a mal aux dents, le meilleur des repas n'a plus aucune saveur : pour le chat, comme pour l'homme, des dents saines et des gencives vigoureuses sont indispensables pour bien se nourrir. Une bonne hygiène dentaire et des contrôles réguliers sont essentiels.

Les petits chats viennent au monde sans dents. À l'âge de 6 semaines, leurs 26 dents de lait sont sorties, et à l'âge de 6 mois, ils possèdent leur dentition définitive, qui compte 30 dents : 12 incisives, 4 canines et 14 molaires. Les chats vivant exclusivement à l'intérieur se servent peu de leurs dents pour saisir et déchiqueter les proies. Or, c'est précisément le « déchiquetage » des proies qui entretient les dents du chat ! Lorsqu'ils sont nourris uniquement avec des aliments industriels, la plupart des chats finissent par souffrir de troubles dentaires et gingivaux. En revanche, les chats vivant en liberté, qui chassent régulièrement et tuent des proies, ont généralement des dents bien plus saines. Par ailleurs, les croquettes ne préviennent pas la formation du tartre. En effet, la plupart des chats avalent les morceaux tout ronds. La salive imprègne les aliments et les agglomère.

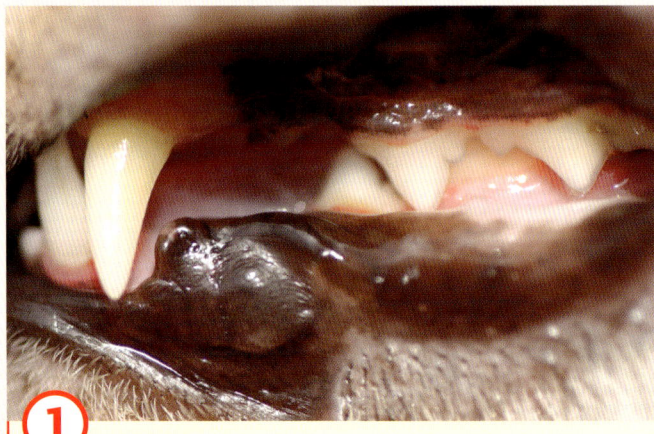

① ▲ Le tartre peut se former chez tous les chats, mais il concerne plus fréquemment les races à museau court comme les persans. Au départ, les restes de nourriture s'accumulent entre les dents. Ces restes associés aux dépôts minéraux entraînent la formation de plaque dentaire. Si cette dernière n'est pas éliminée, du tartre se forme après un certain temps. La décomposition bactérienne entraîne en outre une mauvaise haleine.

▶ Si votre chat est forte-ment sujet au tartre, vous devez faire procéder à des détartrages réguliers chez le vétérinaire. Cette opération est réalisée sous anesthésie générale à l'aide d'un appareil à ultrasons. Le vétérinaire surveillera également une éventuelle rétractation des gencives, ainsi que l'état du collet (partie touchant les gen-cives) des dents. Les dents déchaussées seront extraites.

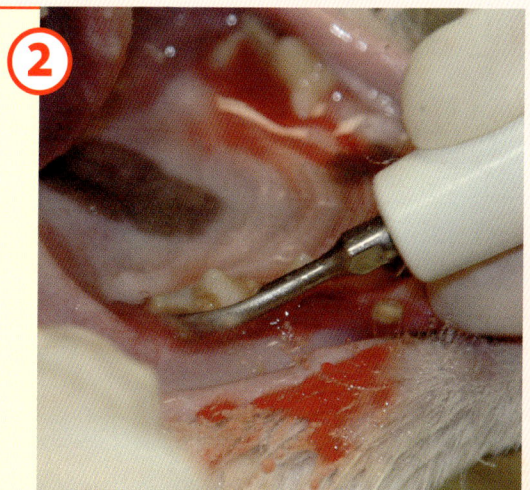

◀ Les chats sauvages entretiennent leurs dents en croquant les parties cori-aces de leurs proies (par exemple la peau avec les poils, l'estomac et les os). Nous devons proposer une solution équivalente à nos chats domestiques : du muscle cru coupé en lamelles (par exemple du cœur de bœuf) peut être une possibilité pour les chats qui ne sortent jamais. Si votre chat chasse, laissez-le déguster tran-quillement ses proies... pour le plus grand bien de ses dents !

Soins dentaires

Les nutriments essentiels

L'organisme a besoin de différents éléments pour se construire et puiser de l'énergie.

L'organisme se régénère en permanence : poils, peau et cellules sanguines sont constamment renouvelés, les muscles se reconstruisent, les organes se régénèrent, les enzymes et les hormones sont produites de manière ininterrompue. Les nutriments fournis par l'alimentation sont essentiels à tous ces processus. Mais ce n'est pas tout : l'énergie nécessaire à cette régénération, mais également à chaque mouvement (que ce soit un battement de cil ou un sprint) est puisée dans l'alimentation. L'organisme doit également brûler de l'énergie pour maintenir la température corporelle (qui se situe autour de 38,5 °C chez un chat en bonne santé) constante. Les nutriments nécessaires à toutes ces fonctions sont principalement d'origine animale et, dans une moindre mesure, d'origine végétale. Les matières organiques se composent de carbone, d'eau, d'oxygène, d'azote et de soufre. Les minéraux (comme le fer ou le calcium) sont essentiels à la structuration de l'organisme et au métabolisme.

Les protéines

Énergie brute : 5,65 kcal/g (24 kJ/g)

Elles sont constituées d'acides aminés. Les « acides aminés non essentiels » sont produits par l'organisme lui-même ; les « acides aminés essentiels » sont fournis par l'alimentation. Les plus importants : l'argentine et la taurine.

▶ **Fonction :** éléments structurels (poils, peau, tendons, muscles, enzymes, hormones, hémoglobine, anticorps du système immunitaire, etc.) L'azote contenu dans les acides aminés est nécessaire à la formation du matériel génétique, mais également à la synthèse des acides aminés non essentiels.

▶ **Stockage dans l'organisme :** l'organisme n'est pas capable de stocker les acides aminés. Les acides aminés excédentaires sont donc transformés en glycogène ou en graisse. En cas d'urgence (après avoir consommé ses réserves de graisse), l'organisme peut désassimiler ses propres protéines et les utiliser pour produire de l'énergie.

▶ **Intérêt :** les protéines indispensables au chat contiennent beaucoup d'acides aminés essentiels et sont faciles à digérer (par ex. viande, œuf, poisson). Les tissus conjonctifs, le cartilage et les tendons sont de moindre intérêt.

Les glucides

Énergie brute : 4,15 kcal/g (17,5 kJ/g)

Les composantes énergétiques des végétaux sont constituées de molécules de glucides. Il existe des glucides simples, doubles ou complexes. Ils jouent un rôle secondaire dans l'alimentation du chat.

▸ **Fonction :** l'amidon, un glucide complexe, est transformé en glucose, un glucide simple. Ces deux types de glucides sont mal digérés par le chat. Le lactose, un glucide double, est d'ailleurs le seul glucide d'origine animale qui joue un rôle dans l'alimentation. Toutefois, de nombreux chats adultes ne le digèrent pas en raison d'un déficit en lactase, une enzyme qui aide à digérer le lactose.

▸ **Stockage dans l'organisme :** les glucides sont stockés dans l'organisme sous forme de glycogène, un glucide complexe (dans le foie). Si le chat absorbe plus de glucides qu'il n'en a besoin, ces glucides excédentaires sont transformés en graisse et stockés.

▸ **Intérêt :** le chat n'a pas besoin de grandes quantités de glucides, qu'il s'agisse de glucides simples (glucose, fructose) ou de glucides complexes (amidon, cellulose). Un excès de glucides entraîne des troubles digestifs.

Les lipides

Énergie brute : 9,4 kcal/g (39 kJ/g)

Les lipides simples sont par ex. les triglycérides (acides gras liés à une molécule de glycérol) ; les lipides complexes sont des lipides simples liés à des éléments non lipidiques (protéine par ex.).

▸ **Fonction :** les lipides sont une source d'énergie. Mais ils remplissent également d'autres fonctions importantes : isolation des fibres nerveuses, transport des nutriments, production de bile et protection de la peau. La plupart des organes sont entourés d'une couche de graisse protectrice.

▸ **Stockage dans l'organisme :** l'énergie excédentaire est stockée sous forme de dépôts de graisse. Ces derniers siègent principalement sous la peau et sont faciles à discerner chez les chats en surpoids. Mais la graisse n'est pas seulement une réserve d'énergie, elle protège également contre le froid et les traumatismes.

▸ **Intérêt :** tout dépend de la proportion d'acides gras insaturés bénéfiques. Ces derniers se trouvent notamment dans les huiles de poisson, la graisse de volaille et l'huile de germe de maïs.

Nutriments

Les vitamines

Énergie brute : nulle

Substances organiques, nécessaires seulement en petites quantités mais néanmoins vitales. Elles peuvent être liposolubles (A, D, E, K) ou hydrosolubles (complexe B, C).

▶ Fonction : la plupart des vitamines participent à différents processus métaboliques. Vit. A : production des pigments rétiniens, renouvellement des cellules cutanées ; vit. D : croissance osseuse ; vit. E : protection contre le vieillissement cellulaire ; vit. K : coagulation du sang ; vit. du complexe B : métabolisme énergétique, croissance cellulaire ; vit. C : formation du collagène (les chats sont capables de synthétiser eux-mêmes la vitamine C).

▶ Stockage dans l'organisme : les vitamines liposolubles en excès sont stockées dans le foie, les hydrosolubles sont excrétées dans l'urine. C'est pourquoi les hypervitaminoses concernent principalement les vitamines liposolubles, et les carences les vitamines hydrosolubles.

▶ Sources de vitamines : foie : A, D, K, B divers ; lait : A, B divers ; jaune d'œuf : A, D, B divers ; la plupart des poissons : D, K, B6, B12 ; huile de germe de blé : E, B6 ; flocons de levure : B divers ; légumes : B divers, C.

Les minéraux

Énergie brute : nulle

Éléments organiques. Macro-éléments : calcium (Ca), phosphore (P), magnésium (Mg), soufre (S), sodium (Na), potassium (K), chlore (Cl). Oligo-éléments : fer, cuivre, zinc, manganèse, iode, sélénium, cobalt.

▶ Fonction : les minéraux sont tous impliqués dans les processus métaboliques. Ca, P et Mg : constituants des os. Ca et K : essentiels à la fonction nerveuse, cardiaque et musculaire. Ca : coagulation du sang. P : constituant du matériel génétique. S : constituant du cartilage et de l'insuline. Fer : respiration cellulaire, hémoglobine. Na, K et Cl sont des électrolytes et jouent un rôle important dans l'équilibre hydrique.

▶ Stockage dans l'organisme : le Ca et le P sont stockés dans les os et peuvent être mobilisés au besoin. L'organisme fait des réserves de chaque minéral. Toutefois, des pertes importantes ou une augmentation des besoins (en cas de gestation par ex.) peuvent entraîner une carence.

▶ Sources de minéraux : produits laitiers : Ca, zinc, cobalt. Viande : P, Mg, sélénium, manganèse. Poisson : P, S, manganèse, iode. Os : Ca. Jaune d'œuf : zinc.

Les fibres

Fibres végétales se composant principalement de polysaccharides (par ex. cellulose et pectine). En général, les chats les digèrent difficilement, voire pas du tout.

▶ Fonction : les fibres ne peuvent certes pas être transformées directement en énergie, mais elles contribuent à la bonne santé intestinale lorsqu'elles se trouvent en petite quantité dans l'alimentation. En outre, leur dégradation par les bactéries présentes dans l'intestin conduit à la formation d'acides gras à chaîne courte, qui fournissent de l'énergie aux cellules de la muqueuse intestinale.

▶ Stockage dans l'organisme : les fibres ne sont pas stockées, car elles ne sont pas assimilées par l'organisme. Toutefois, un excès de fibres associé à un apport insuffisant en eau peut entraîner un ralentissement du transit intestinal (constipation).

▶ Sources de fibres : les fibres les plus appropriées sont celles qui sont modérément transformées par les bactéries, comme par ex. les fibres de betterave et le son de riz. Les fibres, dont la transformation est soit supérieure soit inférieure, présentent un intérêt moindre.

L'eau

L'eau est l'élément le plus indispensable à la vie. L'organisme d'un chat en bonne santé se compose à 70 % d'eau.

▶ Fonction : transport des nutriments et élimination des déchets métaboliques, participation à pratiquement tous les processus métaboliques, compensation thermique, digestion. Solvant : les liquides corporels se composent d'eau, dans laquelle sont dissoutes des substances : sang (globules sanguins), acide gastrique (minéraux), sucs digestifs (enzymes) ou urine (déchets).

▶ Stockage dans l'organisme : l'organisme des chats est capable de conserver l'eau en concentrant l'urine. Une perte de 10 % de l'eau présente dans l'organisme (ce qui correspond à environ 3 à 4 jours passés sans boire) est fatale. Les besoins dépendent de la température extérieure, de l'énergie dépensée et de la qualité de l'alimentation.

▶ Apport : le chat puise une grande partie de l'eau dont il a besoin dans son alimentation. Naturellement, il boit peu.

L'énergie

L'énergie, c'est la vie. Elle est synonyme de chaleur et de mouvement.
L'approvisionnement en énergie de l'organisme est tout simplement extraordinaire : cette véritable « centrale » est alimentée par les lipides, les protéines et les glucides, composés de carbone, d'hydrogène et d'oxygène. Après transformation, il ne reste que de l'eau et du dioxyde de carbone, qui sont évacués.

Les unités

Pour pouvoir comparer la valeur énergétique de chaque nutriment (et pouvoir calculer les portions nécessaires), il convient d'utiliser des unités. Les unités couramment utilisées sont les kilocalories (kcal) et les kilojoules (kJ). Un kcal correspond à 4,18 kJ. Lorsque la valeur énergétique est très élevée, on utilise des mégajoules (MJ). Un mégajoule correspond à 1 000 kilojoules.
L'énergie brute d'un aliment correspond à la quantité de chaleur produite par la combustion d'un gramme de cet aliment dans un calorimètre. Toutefois, le chat ne peut récupérer la totalité de cette énergie, car une partie est perdue pendant la digestion. L'énergie digestible est la valeur énergétique qui reste lorsque l'on soustrait l'énergie perdue dans les excréments à l'énergie brute.

La digestibilité d'un aliment ou d'un de ses constituants correspond au pourcentage assimilé et brûlé par le chat. Elle permet d'en calculer l'énergie digestible d'un aliment.

De combien de joules mon chat a-t-il besoin ?

Un chat adulte normalement actif de 4 kg a besoin de 1,1 MJ par jour. Un chat de race Maine Coon, qui pèse 8 kg de plus, a besoin de 1,7 MJ par jour. Vous remarquerez que les besoins énergétiques n'augmentent pas proportionnellement au poids. Plus un chat est lourd, moins il a besoin d'énergie... par kilo de poids corporel ! Point très important : ses besoins varient selon son âge, son activité, la longueur de sa fourrure, la température extérieure et son tempérament. Les jeunes chats ont besoin de davantage d'énergie que les chats plus âgés. Il en va de même pour les chats qui sortent par rapport à ceux qui passent la journée à dormir sur le

Le chat au premier plan semble prêt à bondir à tout instant...

canapé, et pour les chats à poil court par rapport à ceux à poil long. Attention : il arrive souvent que les chats vivant en liberté s'alimentent à l'extérieur – difficile alors de déterminer leurs apports énergétiques réels.

Les groupes de nutriments

Une analyse par combustion permet de déterminer les différents constituants d'un aliment. Ces constituants

Vite, le butin doit être mis à l'abri !

sont les nutriments bruts. On distingue l'eau et la matière sèche. La matière sèche comprend les protéines brutes, les cendres brutes (éléments minéraux), les matières grasses brutes, fibres brutes et les glucides. Chacun de ces constituants possède une certaine valeur énergétique (voir p. 140), qui permettent de calculer la valeur énergétique d'une ration de nourriture, en tenant compte de sa digestibilité (voir p. 153). Pour les cuisiniers : la valeur énergétique de la plupart des aliments courants comme le bœuf, le poulet, les œufs, est très facile à se procurer (vous trouverez des tableaux de valeurs énergétiques sur Internet ou en librairie).

Énergie

Une histoire de goût

Les aliments industriels

Le marché des animaux de compagnie (y compris des aliments industriels de toutes sortes) s'est beaucoup développé ces dernières années. Il n'est donc pas étonnant que les connaissances dans ce domaine progressent rapidement. La plupart des fabricants possèdent leurs propres instituts de recherche, qui mettent au point et testent toujours plus de nouveaux produits.

Les avantages et les inconvénients

Si l'on en croit la publicité, les aliments industriels sont meilleurs et plus équilibrés que des menus variés et faits maison ! Ce qui est certain, c'est que ces deux modes d'alimentation présentent des avantages et des inconvénients. Les avantages des aliments industriels sont évidents : ils permettent des gains de temps considérables, sont faciles à conserver, pratiques à emporter en voyage et contiennent tous les nutriments essentiels.

En revanche, leur teneur en glucides est beaucoup trop élevée pour le chat et leur production industrielle détruit une grande partie des nutriments présents dans les ingrédients, qui sont alors remplacés par des substances de synthèse. De nombreux additifs tels que conservateurs, antioxydants, stabilisants, gélifiants ou colorants sont également ajoutés pour donner au produit final son aspect et sa consistance et assurer sa bonne conservation. En outre, ces produits ne contribuent pas à l'entretien des dents du chat.

Attention au prix !

Le marché est immense : des aliments bio en passant par les aliments spécialement destinés aux chats de race ou « séniors » et les aliments de régime, il y en a pour tous les goûts et pour toutes les bourses. À propos de bourse : c'est un mauvais calcul de comparer le prix des différents aliments en se fondant

Égayer l'alimentation

Lorsque les matous ne reçoivent que des aliments industriels, il est possible de leur donner de petits compléments « naturels » :

De temps en temps, du cœur de bœuf cru découpé en lamelles, pour entretenir les dents et les muscles de la mâchoire.

De l'herbe à chat dans un petit pot apporte des fibres et aide à évacuer les poils avalés lors de la toilette.

Les types d'aliments : les aliments complets doivent contenir tous les nutriments essentiels en quantité suffisante et sous forme équilibrée.

Les aliments complémentaires (par ex. viande en boîte ou mélange de vitamines et de minéraux) ne constituent pas un repas à eux seuls.

On peut accorder de petits « extras » de temps en temps, comme par exemple des friandises ou du lait pour chat.

La teneur en eau des aliments humides est plus proche de celle présente dans l'alimentation naturelle du chat que celle des aliments secs !

sur leur poids. Il est beaucoup plus pertinent de se référer à leur valeur énergétique. Il ne faut pas non plus oublier que les aliments en boîte contiennent beaucoup plus d'eau que les aliments secs (croquettes). Il faut également en tenir compte lorsque l'on compare les prix. De même, il convient de comparer la valeur énergétique par unité de poids (par ex. pour 100 g ou pour 1 kg). Il est également intéressant de jeter un œil à la teneur en protéines brutes. Un aliment normal pour chat adulte doit contenir 12 g de protéines brutes pour 1 MJ d'énergie brute (ou de protéines digestibles par rapport à l'énergie digestible).

Quelle quantité donner ?

La valeur énergétique n'est pas indiquée sur tous les aliments. Comme les besoins varient en fonction des individus, les recommandations ne sont données qu'à titre indicatif. Elles peuvent tout à fait correspondre aux besoins de votre chat, mais elles peuvent également y être supérieures ou inférieures.

Aliments industriels

L'embarras du choix

Pour choisir les bons aliments, il est essentiel d'avoir quelques points de repères. Sont-ils destinés à un chaton, un chat adulte ou un chat âgé ? Le chat a-t-il le poil long ou court, vit-il à l'intérieur ou en liberté ? De nombreux fabricants proposent des aliments spécialement conçus pour ces différentes catégories de chats.

Les différents types d'aliments

Les aliments industriels pour chat se présentent sous différentes formes. Les aliments secs (< 10 % d'eau) sont généralement vendus en sacs de 1 à 5 kg. Ils se conservent au maximum entre 2 et 4 semaines lorsque le paquet est ouvert, en fonction de la température ambiante.

La plupart du temps, les chats les mangent seulement s'ils y ont été habitués dès leur plus jeune âge. Du point de vue de la santé, ils ne sont pas vraiment recommandables : ils contiennent trop peu de liquide et peuvent favoriser l'apparition de calculs rénaux à long terme (astuce : humidifiez-les légèrement avec un peu d'eau ou de bouillon juste avant de les donner à votre chat). Les aliments humides (env. 75 % d'eau) s'achètent surtout en boîte. La plupart des chats les préfèrent aux aliments secs. Il existe une multitude de saveurs dans le commerce. Généralement, leur odeur est désagréable, et une fois ouvertes, elles ne se conservent qu'1 à 2 jours au réfrigérateur.

Assez bon pour mon chat ?

Les aliments vendus dans le commerce sont de qualité très variable. Le critère le plus important est la santé de notre compagnon : lorsque vous introduisez un nouvel aliment, observez votre chat pendant 2 mois. S'alimente-t-il volontiers ? Est-il vif et heureux ? Sa fourrure brille-t-elle ? Ses selles sont-elles fermes et bien moulées ? Ou le chat est-il apathique ? Souffre-t-il de démangeaisons ? Fait-il plus souvent ses besoins ? Si vous remarquez des changements négatifs, consultez votre vétérinaire.

Le goût « souris » n'existe que dans la nature !

Les croquettes sont très pratiques.

Il est possible que l'alimentation de votre chat ne corresponde pas à ses besoins et qu'il faille en changer.

Les friandises

Nous avons tendance à « humaniser » nos chats. Aussi leur accordons-nous une petite friandise de temps en temps. Dans ce cas, ce n'est pas la valeur nutritive qui importe, mais plutôt le goût. Nous voulons récompenser notre chat, ou l'occuper. Les fabricants n'ont pas tardé à réagir à l'essor de la demande avec un vaste assortiment de friandises.

Il en existe de toutes les sortes et pour tous les goûts ! Mais, même si ces produits se prévalent d'être bons pour la santé, ils n'ont aucun intérêt nutritionnel. Donnez à votre chat ces friandises pour ce qu'elles sont : un petit extra occasionnel !

Un vaste choix

Comprendre le jargon

Saviez-vous que les indications figurant sur les emballages de nourriture pour chat sont strictement réglementées ? Vous apprendrez dans ce chapitre ce qui se cache derrière les mentions figurant sur les emballages, et comment en tirer parti.

Les mentions obligatoires

La législation française (décret 86-1037) et européenne (directives n° 79/373/CEE et 84/587/CEE) décrit très précisément les informations que les fabricants doivent faire figurer sur les aliments pour animaux. L'emballage doit préciser s'il s'agit d'un « aliment complet » ou d'un « aliment complémentaire » (voir p. 148). Les constituants doivent également faire figurer (en pourcentage du poids total) : protéines brutes, cendres brutes, matières grasses brutes et cellulose brute (voir p. 144). La teneur en eau ne doit être indiquée que si elle dépasse 14 %. Toutefois, ces indications ne nous disent rien sur la qualité des constituants ! Par exemple, les protéines brutes peuvent provenir de diverses sources : muscle de qualité supérieure, abats ou farines animales. La liste des ingrédients donne des indications plus précises sur les matières premières utilisées.

Les autres mentions obligatoires

Le poids net doit également être indiqué, ainsi que le nom et l'adresse du fabricant. Ainsi, vous pourrez vous renseigner sur la digestibilité de l'aliment (si le fabricant refuse de vous répondre ou ne vous donne qu'une réponse évasive, interrogez-vous sur la qualité du produit !). La date limite de conservation ainsi que certains additifs doivent également être obligatoirement mentionnés. En ce qui concerne les vitamines, seules les vitamines A, D et E doivent être obligatoirement mentionnées, ainsi que le cuivre pour ce qui est des oligo-éléments. Pour davantage d'informations, reportez-vous au chapitre suivant.

Ce qui intéresse le chat, c'est le contenu de la boîte...

Beaucoup de maîtres sont vigilants à la qualité des produits qu'ils donnent à leur chat.

Le calcul de la valeur énergétique

La valeur énergétique d'un aliment ne doit pas être obligatoirement mentionnée sur l'emballage. Toutefois, vous pouvez facilement la calculer vous-même : soustrayez le taux d'humidité et la matière brute à 100. Restent les glucides. Ces derniers valent 24 kJ/gramme. Calculez leur valeur énergétique. Puis ajoutez la valeur énergétique des protéines brutes et des fibres brutes (24 kJ/g). Enfin, ajoutez les matières grasses, qui valent 39 kJ/g. Vous avez l'énergie brute de l'aliment. Pour obtenir l'énergie digestible, vous devez tenir compte de la digestibilité (vous pouvez demander ce pourcentage au fabricant ; il ne doit pas être inférieur à 80 %). Seule l'énergie digestible rapportée au poids permet dc comparer les prix !

Comprendre

Pour les initiés...

La liste des ingrédients et des additifs dissimule des informations importantes. Toutefois, le législateur n'impose pas aux fabricants de faire figurer une liste vraiment détaillée des ingrédients et des additifs utilisés, bien qu'une telle liste soit fort utile aux propriétaires de chats avertis.

La liste des ingrédients

La liste des ingrédients doit mentionner les ingrédients utilisés pour préparer l'aliment. Toutefois, étant donné que le fabricant peut se contenter de faire figurer la catégorie d'aliments auquel appartient l'ingrédient plutôt que sa dénomination exacte, cette liste n'est vraiment instructive que si le fabricant décide volontairement de donner une description précise des ingrédients. Les catégories d'ingrédients peuvent regrouper des ingrédients totalement différents. « Viande et sous-produits animaux » est le terme générique pour désigner toutes les parties carnées des animaux terrestres à sang chaud (du poulet à la vache) sous toutes leurs formes. On trouve dans cette catégorie le muscle, une viande de bonne qualité, mais également les abats et les farines animales. Les « huiles et graisses » englobent également un grand nombre d'aliments de qualité variée : du suif de bœuf bon marché aux huiles végétales ou de poisson de bonne qualité. Il faut toutefois savoir que lorsqu'un fabricant utilise un ingrédient de qualité supérieure, comme une huile végétale ou du muscle, il le mentionne explicitement. En revanche, si les ingrédients sont de qualité médiocre, il utilise plutôt les catégories d'aliments.

Les additifs incontournables

Étant donné qu'un aliment complet pour chats doit contenir tous les nutriments essentiels en quantité suffisante, des oligo-éléments et des vitamines sont généralement ajoutés. Le fabricant n'est tenu de mentionner que les vitamines A, D, E et le cuivre, les autres ne sont pas obligatoires. S'il décide de les indiquer quand même, il doit en préciser la teneur. Pour conserver le produit, lui donner du goût et améliorer son aspect, un certain nombre d'additifs peuvent égale-

D'autres catégories d'ingrédients

« Lait et produits de laiterie » regroupe tous les produits laitiers, du lait entier à la poudre de lactosérum.

« Œufs et produits d'œufs » désigne tous les produits d'œufs, de l'œuf frais aux œufs en poudre.

« Poissons et sous-produits de poissons » : comme pour la viande, cette catégorie englobe les filets de première qualité comme les têtes de poissons, en passant par les farines.

Et pour le dessert, un comprimé de vitamines !

ment être ajoutés.
Prenons par exemple les antioxydants : ils permettent la conservation des lipides et des vitamines.
Ces antioxydants peuvent être « naturels », comme la vitamine E ou C, ou artificiels, comme le gallate ou l'éthoxyquine. Les antioxydants doivent figurer avec leur dénomination exacte.
Les arômes peuvent être utilisés à la condition qu'ils soient naturels ou identiques aux arômes naturels (il peut s'agir par exemple d'épices comme l'anis ou la vanilline). Leur mention n'est pas obligatoire sur l'emballage.
En revanche, les conserva-teurs doivent être obligatoirement mentionnés.
Les conservateurs utilisés sont l'acide propionique, l'acide sulfurique, l'acide citrique, l'acide phosphorique, le nitrate de sodium, et bien d'autres. Ces substances visent surtout à inhiber le développement des moisissures.
Les colorants doivent également être mentionnés. Ils sont rarement utilisés aujourd'hui, car leur seule utilité est de rendre l'aliment « appétissant » aux yeux du propriétaire (le chat n'en a que faire !). Les stabilisateurs, émulsifi-ants, épaississants et gélifi-ants servent à améliorer la consistance du produit. Ils ne sont pas indispensables, et leur mention n'est pas obligatoire. Ces substances peuvent être naturelles, comme les algues, la gomme arabique, les pectines et la poudre de cellulose, ou synthétiques.

Les informations du fabricant

Si vous voulez absolument savoir ce que contiennent les aliments de votre chat, adressez-vous au fabricant. De nombreuses sociétés font figurer un numéro de téléphone sur les emballages.

Aller plus loin

Changer son alimentation

Les chats se montrent souvent difficiles (contrairement aux chiens, qui dévorent tout ce qu'on leur donne avec avidité). Les préférences alimentaires s'établissent très tôt : on parle d'imprégnation alimentaire. Par exemple, si le chat n'a pas mangé d'aliments secs étant petit, il aura du mal à les accepter plus tard.

L'imprégnation alimentaire

Avez-vous une idée concrète des aliments que vous souhaitez donner à votre chat ? Le mieux est qu'il apprenne à connaître ces aliments dès son plus jeune âge. Si vous êtes un adepte de l'alimentation naturelle, trouvez un éleveur qui pratique cette méthode. Vous ne voulez lui donner que des aliments industriels ? Continuez à lui proposer ceux qu'il a l'habitude de manger. Vous n'êtes pas tout à fait sûr du type d'aliment qui vous convient le mieux à vous et à votre chat ? Habituez-le petit à petit aux différents aliments envisagés (par ex. des boîtes et de temps en temps quelques lamelles de cœur de bœuf pour l'entretien des dents, plus un repas fait maison) afin de trouver ce qui lui convient le mieux.

Une question d'habitude

Un changement d'alimentation soudain peut entraîner diarrhées et de vomissements. C'est pourquoi vous devez respecter les points suivants : introduisez le nouvel aliment progressivement. Si le chat mangeait des aliments industriels et passe maintenant à des aliments frais, commencez par les faire cuire. Vous pouvez même les réduire en purée pour commencer, et en mélanger quelques cuillerées avec ses aliments habituels. S'il n'était habitué à manger que des aliments secs, vous pouvez écraser ces derniers et y mélanger une petite portion de nouveaux aliments. Si votre chat accepte la viande cuite, vous pouvez passer à la viande crue suivant le même principe (voir p. 159 pour des astuces concernant les aliments crus).

Les mélanges d'aliments industriels et d'aliments frais ne sont autorisés que pendant la phase d'accoutumance ! En effet, de telles pratiques au quotidien peuvent entraîner des problèmes, car les différents types d'aliments ne sont pas digérés de la même façon et ne passent pas autant de temps l'un que l'autre dans le tractus gastro-intestinal.

Pas de stress !

Si votre chat vient juste d'arriver chez vous, commencez par lui donner les aliments auxquels il est habitué.

Attendez au moins une semaine avant de changer. Si le chat est vraiment très stressé, montrez-vous un peu plus patient.

Ne laissez jamais le chat s'affamer. Dans l'idéal, il doit prendre 4 à 5 repas par jour. S'il refuse les nouveaux aliments, donnez-lui au repas suivant.

Les préférences alimentaires se forgent dès le plus jeune âge.

Si votre chat est gourmand : pendant la préparation des aliments frais, laissez tomber « par inadvertance » un petit morceau. La plupart des chats vont se réjouir de cette « prise » inattendue et s'habituer d'autant plus vite à leur nouvelle alimentation !

Privilégier la variété

Même si le chat est un animal qui a ses habitudes, il est important de varier ses menus. Prenez exemple sur la nature : les chats sauvages ne mangent pas la même chose à tous les repas ! Une fois une souris, une autre fois un oiseau ou encore une grenouille. Privilégiez la variété, et si vous lui donnez des boîtes, proposez-lui par exemple la saveur « gibier » ou « poisson » à la place de « poulet ». Même s'il ne mange que des repas faits maison, il est important de varier ses menus : une fois du bœuf, une autre fois de l'agneau, de la volaille ou du poisson. Vous pouvez également lui donner des abats comme du foie ou des rognons (voir les quantités à ne dépasser p. 161). Variez également les préparations à base de vitamines et de minéraux que vous lui donnez en complément de vos repas faits maison.

À SAVOIR
Prendre son temps !

Plus le chat est âgé, plus le changement peut prendre du temps. Allez-y progressivement. **Certaines enzymes digestives** peuvent « s'endormir » si elles restent inactives trop longtemps. Leur activation prend un certain temps, c'est pourquoi le chat a la diarrhée lors de l'introduction d'un nouvel aliment. **De même, les bactéries intestinales** doivent d'abord s'adapter au nouvel aliment.

Les changements

Les aliments frais

Plusieurs raisons peuvent vous inciter à faire la cuisine pour votre chat : vous ne voulez pas lui donner d'aliments industriels ; vous accordez de l'importance aux ingrédients frais d'origine contrôlée, ou cela vous fait tout simplement plaisir. Apprenez comment préparer des repas délicieux et équilibrés pour votre compagnon !

Quelques principes fondamentaux : utilisez dans la mesure du possible des ingrédients frais de qualité et produits localement. Achetez la viande et les abats directement chez le boucher. Les légumes doivent être de saison. Vous pouvez également vous procurer des poussins entiers surgelés (spécialement destinés à l'alimentation animale). Vous trouverez des compléments alimentaires tels que des vitamines, des minéraux et de la taurine chez votre vétérinaire ou en animalerie.

Bien préparé, à moitié mangé !

Vous possédez un ou plusieurs chats ? Vous n'avez pas beaucoup de temps ? Selon les quantités nécessaires, il peut être intéressant de faire la cuisine à l'avance et de congeler les aliments par petites portions. Cela vous permettra de gagner du temps ! Vous pouvez utiliser des boîtes en plastique disponibles dans le commerce, dont vous choisirez la taille en fonction des portions. Ces portions pourront ensuite être très facilement décongelées au four à micro-ondes. Administrez toujours les compléments alimentaires tels que les mélanges de vitamines et de minéraux, les levures ou les huiles peu de temps avant le repas. Demandez à votre boucher de découper les morceaux coriaces (comme le cœur de bœuf, les poussins) en morceaux de taille appropriée à la gueule du chat (environ 6 cm) : vous vous épargnerez ainsi du travail et préserverez vos couteaux de cuisine. Même si c'est difficile à concevoir pour la plupart des propriétaires de chats, les proies entières (poussins ou souris que l'on trouve frais ou congelés en animalerie ou sur

Le poulet rôti ne doit pas figurer tous les jours au menu !

Internet) apportent au chat tout ce dont il a besoin. Elles sont crues, et le chat viendra aisément à bout des os ! L'amidon est difficilement assimilable par le chat, renoncez donc au riz, pâtes, pommes de terre et autres ! Les légumes ne doivent pas représenter plus de 10 % de son alimentation. Vous pouvez les donner frais à chaque repas ou les congeler par petites portions (par ex. dans des bacs à glaçons).

Cuit ou cru ?

Les chats sont faits pour manger de la viande crue. Lorsqu'ils proviennent de sources sûres, la viande fraîche et les os doivent être consommés crus (à condition que le chat y ait été habitué, voir p. 158). En cas doute, et pour les chats qui n'ont pas l'habitude des aliments crus, la viande doit être cuite. Vous écarterez ainsi plusieurs risques : la plupart des agents pathogènes ne résistent pas à la cuisson. De même, le blanc d'œuf et la plupart des poissons crus contiennent des substances qui bloquent l'action de certaines vitamines : il vaut donc mieux les cuire.

Le cœur cru renforce la musculature de la mâchoire.

À SAVOIR
La taurine

Les chats sont incapables de synthétiser la taurine. Cet acide amino-sulfonique doit donc leur être fourni par leur alimentation.
Le cœur, les yeux et les coquillages sont très riches en taurine.
Une carence prolongée en taurine entraîne des troubles visuels et cardiaques.
On peut se procurer de la taurine en pharmacie, en animalerie ou sur Internet. Si vous donnez à votre chat exclusivement des aliments faits maison, donnez-lui 2 g de taurine par kilo de nourriture.

Aliments frais

Quelques recettes

Vous avez besoin d'une balance culinaire, d'une calculatrice et d'un peu de pratique ! Les pages 162 et 163 vous apprendront dans quelles proportions donner chaque ingrédient. N'oubliez jamais de contrôler le poids de votre chat et de corriger les quantités en conséquence !

Que doit contenir un repas ?

Un repas équilibré contient des protéines, des lipides, des fibres, des vitamines et des minéraux. La teneur en eau idéale se situe autour de 70 % (cette teneur correspond à celle d'une proie).

Les fibres peuvent être proposées sous forme de légumes ou de son de blé trempé. Les vitamines et minéraux ne sont pas présents dans tous les aliments. C'est pourquoi il faut renouveler régulièrement les sources de protéines. Comme l'organisme dispose de réserves, les vitamines et les minéraux ne doivent pas être absorbés chaque jour dans les mêmes quantités. Il est toutefois essentiel que le bilan soit équilibré sur une période donnée (environ 10 jours). Les aliments peuvent également être complétés avec une préparation enrichie en minéraux ou un mélange vitamines/minéraux. La tau-

rine, vitale pour les chats, est présente dans différents types de viandes. Si votre chat est nourri exclusivement de repas faits maison, ajoutez 2 g de taurine par kilo de viande.

Comment varier les menus ?

Vous avez plusieurs possibilités pour le mode de cuisson : la viande peut être cuite dans un peu d'eau, ou à la poêle avec de l'huile ou du saindoux. Les légumes doivent être préparés séparément. Vous pouvez soit les faire blanchir rapidement, soit les râper et les donner crus, selon leur digestibilité et les préférences de votre chat. Si vous faites cuire les légumes, donnez l'eau de cuisson au chat (ou l'eau de cuisson de la viande). Pour prévenir les carences en iode, assaisonnez régulièrement vos préparations d'une pincée de sel iodé (sauf si vous donnez à votre chat des proies entières, comme des poussins ; leur sang et leurs os contiennent suffisamment de sel !) La levure de bière

Recettes

100 g de viande de volaille, 2 foies et 1 cœur de volaille, un peu d'eau, 1½ cuillère à soupe d'épinards, 1 cuillère à café de saindoux, 1 pincée de carbonate de calcium.

150 g de filet de poisson, un peu d'eau, une petite tranche de saumon fumé, 1 cuillère à soupe de yaourt, 1 cuillère à soupe de courgettes râpées, 1 cuillère à café de levure de bière, 1 pincée de carbonate de calcium.

150 g de filet de bœuf, un peu d'eau, 1 jaune d'œuf, 1½ cuillère à soupe de carottes râpées, 1 cuillère à café de graisse d'oie, 1 pincée de carbonate de calcium. Toutes les recettes seront assaisonnées d'une pincée de sel.

La plupart des chats préfèrent boire dans de grands récipients plutôt que dans de petites écuelles.

est une bonne source de vitamine B. Pour varier, vous pouvez également donner de temps en temps un œuf ou un peu de foie, tous deux riches en vitamine B. Le cas échéant, vous devez réduire un peu les quantités de viande. Ne donnez pas de foie plus d'une fois par semaine (maximum 25 g pour 4 kg de poids corporel), car il est trop riche en vitamine A.

Comment rassasier mon chat ?

Les recettes de la page 160 sont prévues pour une cor-pulence moyenne de 4 kg (ration quotidienne à répartir en 4 à 5 portions). Pour un chat plus léger ou plus lourd, diminuez ou aug-mentez les proportions en conséquence. Toutefois, n'oubliez pas que les gros chats ont besoin de moins d'énergie par kilo de poids corporel que les petits chats. De même, les chats très paresseux, à poil long ou âgés, ont besoin de moins d'énergie que les chats jeunes et très actifs. Vous pouvez modifier les ingré-dients de la préparation ou ajouter des ingrédients sup-plémentaires (voir double page suivante).

Les recettes de la page 160

À SAVOIR
Le calcium

Le muscle est riche en phosphore et pauvre en calcium ; une supplémen-tation en calcium est donc nécessaire.
Les os sont riches en calcium. On peut donc en donner de temps en temps.
On peut également mélanger aux aliments de la coquille d'œuf finement écrasée.
Une supplémentation en calcium est nécessaire si le chat ne mange ni os ni coquille d'œuf.

Le pourcentage indique la part de cet aliment dans un repas équilibré.

La viande

50

▶ **Variez souvent les viandes :** bœuf, porc et mouton sont plutôt gras, volaille et cheval plutôt maigres. Selon le type de viande, ajoutez plus ou moins de graisse. Autres viandes possibles : lapin, gibier. Ne donnez jamais de viande de porc crue ! Dans la mesure du possible, veillez à ce que les animaux aient été élevés à l'air libre. Le muscle seul ne constitue pas un repas équilibré et doit toujours être complété (notamment avec du calcium, du sel et des fibres, et éventuellement de la graisse).

Les abats

10

Foie max. 5

▶ **Le foie est un organe de stockage riche en vitamines et oligo-éléments.** C'est pourquoi vous ne devez pas en donner plus d'une fois par semaine (environ 25 g). Les rognons sont également riches en vitamines. Après un temps d'adaptation, vous pourrez également donner du poumon et de l'estomac (par ex. de l'estomac de poulet). Dans ce cas aussi, privilégiez la variété. Chez les chats non habitués, un excès d'abats peut entraîner des diarrhées !

Le poisson

50

▶ **Le poisson frais est une excellente source de protéines** et est apprécié de la plupart des chats. Il faut toujours veiller à lui donner cuit et enlever soigneusement les arêtes. Il est également possible de donner du thon en boîte de temps en temps. En règle générale, il ne faut pas donner du poisson trop souvent pour éviter un apport excessif en acides gras. Une fois par semaine suffit largement. Les espèces les plus adaptées sont le maquereau, le hareng, le saumon, les sardines et les poissons d'eau douce.

Les œufs et produits laitiers

100

▶ **Produits laitiers :** le lait contient du calcium et toutes les vitamines. Tous les produits laitiers sont très riches en protéines. Cependant, de nombreux chats ne peuvent pas digérer le lactose et souffrent de diarrhée : il ne faudra donc pas donner de lait à ces derniers. Le fromage blanc, le yaourt et le lait caillé ne posent généralement pas ce type de problème.

▶ **Les œufs :** si le blanc d'œuf doit toujours être donné cuit, le jaune peut être donné cru. Ils constituent une excellente source de protéines et sont très riches en vitamines. Vous pouvez compléter avec des protéines de qualité inférieure (par ex. abats). La coquille d'œuf contient du calcium. Il est possible de l'écraser et de la donner au chat pour compléter les apports en calcium.

Le pourcentage indique la part de cet aliment dans un repas équilibré.

| 163

Les légumes

▸ **Les chats sont capables de synthétiser la vitamine C,** ils n'ont donc pas besoin d'apports supplémentaires. Les légumes en tant que sources de vitamines ne sont pas aussi essentiels pour le chat que pour l'homme. En revanche, ils constituent une bonne source de fibres. Vous pouvez donner par ex. des carottes, des courgettes, des épinards ou de la courge, blanchis ou crus (selon la digestibilité). Les germes et les pousses conviennent également. Vous pouvez remplacer de temps à autre les légumes par une petite cuillerée de riz cuit nature (pas plus de 20 g pour un chat adulte).

Max. 10

Les graisses et les huiles

▸ **Les chats ont seulement besoin des acides gras présents dans les graisses animales,** c'est pourquoi il faut systématiquement privilégier les graisses animales par rapport aux graisses végétales. Là aussi, privilégiez la variété : graisse (que vous pouvez vous procurer chez le boucher), saindoux, beurre et huile de poisson constituent d'excellentes sources. Prudence avec l'huile de foie de morue : en excès, elle peut entraîner à long terme une hypervitaminose A. Plus vous donnez de graisses, plus le besoin en vitamine E sera important ! Les huiles rancissent rapidement, prenez garde à leur fraîcheur.

10

Les animaux entiers

▸ **Les proies entières et non vidées se rapprochent le plus de l'alimentation naturelle du chat.** Toutefois, tout le monde ne peut pas envisager de donner des poussins, cailles, souris ou rats morts à son chat ! Si vous envisagez ce type d'alimentation, vous pouvez vous approvisionner en animalerie, sur Internet ou dans un élevage de volailles. Là aussi, le même principe s'applique : habituez votre chat peu à peu et veillez à varier les menus.

100

Les compléments alimentaires

▸ À moins que vous ne donniez des proies entières à votre chat, les compléments alimentaires sont indispensables : le sel (présent dans le sang et les os des proies) vient compléter le muscle. Le calcium (également présent dans les os) complète le muscle et les abats. Les préparations vitaminées complètent la viande cuite autre que les abats. Vous pouvez ajouter régulièrement une préparation à base de vitamines et de minéraux ainsi que de la taurine aux repas que vous préparez vous-même, afin de prévenir les carences. Tenez toujours compte des vitamines et minéraux présents naturellement dans les aliments ! Gare au surdosage !

Max. 10

À table !

Il n'y a pas que les aliments qui comptent, les conditions dans lesquelles se déroule le repas ont aussi leur importance ! Une atmosphère détendue et des heures de repas fixes sont (presque) aussi importantes pour le chat que pour l'homme !

Les accessoires

Le choix des récipients vous revient. Peu importe que vous utilisiez une écuelle en plastique ou en porcelaine fine, votre chat n'en a que faire, tant que le contenu est bon ! Si vous possédez plusieurs chats, prévoyez une écuelle pour chacun. Un set en plastique (ou une feuille de papier journal) disposé sous l'écuelle protège le sol des salissures. En effet, les chats vont volontiers piocher dans leur écuelle et manger à côté. Si vous souhaitez nourrir votre chat à l'extérieur, par exemple sur la terrasse, pensez que d'autres animaux peuvent être attirés, surtout si les aliments ne sont pas retirés tout de suite après le repas. Les écuelles doubles, destinées à accueillir à la fois les aliments et l'eau peuvent sembler plus pratiques, mais se révèlent peu appropriées au quotidien, car l'eau est souillée par les restes d'aliments. Après chaque repas, ôtez les restes d'aliments et lavez l'écuelle. L'écuelle d'eau doit également être régulièrement nettoyée.

Le moment et la fréquence du repas

Les chats prennent plusieurs petits repas dans la journée. Fractionnez chaque matin sa ration quotidienne et donnez-lui en quatre à cinq fois. Si votre matou n'est pas très actif, veillez à ce qu'il ne mange pas plus que nécessaire ! Les repas faits maison et les boîtes doivent être placés au réfrigérateur entre les repas, où ils se conservent environ deux jours. Les emballages des aliments secs doivent être bien fermés et conservés au frais et au sec.

Prudence avec les récipients en verre !

Les poubelles peuvent receler des dangers, surtout pour un chat affamé !

Attention danger !

Débarrassez-vous des restes, en veillant à ce que ni le chat ni d'autres animaux ne puissent y accéder. Les chats ne doivent pas avoir accès aux poubelles. Lavez immédiatement les couteaux utilisés pour couper la viande ou mettez-les au lave-vaisselle. Les conserves ouvertes doivent être rangées au réfrigérateur. Lavez-les boîtes vides et mettez-les au recyclage. Les chats peuvent se blesser contre leurs rebords coupants ou s'y coincer la tête. Les autres sources de danger sont les têtes de poisson (hameçons) et les estomacs (divers corps étrangers). Nourrissez votre chat dans un endroit surélevé, et utilisez une écuelle incassable (en métal ou en plastique par ex.). Veillez toujours à débrancher, nettoyer et ranger les robots ménagers immédiatement après usage. Et fermez les portes !

À SAVOIR
L'eau

Dans la nature, l'alimentation couvre une grande partie des besoins en eau du chat. Toutefois, il a quand même besoin de boire.
De nombreux chats aiment s'abreuver dans un grand récipient (environ 2 à 3 l) dans un lieu calme, par ex. dans la salle de bain ou dans une chambre à coucher.
Les chats apprécient l'eau « stagnante » (par ex. l'eau de pluie dans un arrosoir). Veillez à ce qu'elle ne soit pas mélangée à de l'engrais !

À table !

Les différents stades de la vie

Les besoins alimentaires du chat évoluent en fonction des stades de sa vie.
Un chaton qui tète sa mère a des besoins différents de ceux d'un chat « adolescent »,
et un matou castré a des besoins différents de ceux d'une chatte allaitante
ou d'une chatte âgée. Apprenez à satisfaire les besoins spécifiques de votre chat.

L'organisme d'un chat n'est jamais mis à aussi rude épreuve que pendant la gestation et l'allaitement. L'alimentation de la chatte pendant ces périodes doit donc être particulièrement riche en énergie. Par ailleurs, les protéines fournies par son alimentation doivent être de qualité supérieure (riches en acides aminés essentiels), car ce sont elles qui assurent la croissance des chatons.

Les besoins de la future mère

De nombreux chats sont sensibles aux changements d'alimentation lorsqu'ils sont habitués à manger le même aliment depuis longtemps. Si vous savez que votre chatte doit attendre des petits, modifiez son alimentation suffisamment tôt afin qu'elle puisse s'alimenter comme il faut pendant la gestation. Si vous préférez lui donner des aliments industriels, choisissez des produits de première qualité et suffisamment riches en énergie (par ex. aliments pour chatons). Si vous cuisinez vous-même, préférez des aliments faciles à digérer, dont vous savez que votre chat les supporte. Dans tous les cas, complétez ces repas maison avec une préparation à base de vitamines et de minéraux. Lorsque les rondeurs commencent à

Une chatte allaitante a besoin de beaucoup d'énergie.

apparaître, divisez la ration quotidienne de la chatte en plusieurs petites portions réparties sur toute la journée. L'utérus avec les petits à l'intérieur peut devenir très volumineux, et l'estomac a donc moins de place. Contrairement aux chiennes, les chattes ont des besoins accrus en protéines et en énergie tout au long de la gestation : une chatte gestante a besoin d'environ 50 % d'énergie et de protéines en plus qu'une chatte non gestante. Vers la fin de la gestation, le poids idéal doit également être supérieur d'environ 50 % au poids normal. Ainsi, outre le poids des chatons, la mère a suffisamment de réserves pour allaiter.

Les besoins en énergie de la chatte qui attend un petit augmentent.

À SAVOIR
Le poids idéal

Au moment de l'accouplement, la chatte ne doit pas être trop grosse ni trop maigre.
Si elle est en surpoids, la mise bas sera plus risquée (les chatons seront plus gros).
Si elle est trop maigre, en revanche, elle n'aura pas suffisamment d'énergie pour produire du lait et nourrir ses petits.

La mise bas

La mise bas est particulièrement éprouvante pour la chatte. Et avec le début de la lactation, son organisme est soumis à rude épreuve ! Pendant cette période, la chatte a besoin d'une alimentation de qualité riche en énergie. Selon la taille de la portée, les besoins en énergie et en protéines de la chatte peu- vent être multipliés par 2,5. Si elle a plus de deux chatons, la mère doit toujours avoir de la nourriture à sa disposition. Placez également une écuelle d'eau à sa portée. Dans la mesure du possible, évitez de changer son alimentation pendant cette période, pour ne pas perturber inutilement la mère déjà fatiguée.

Différents stades

Du chaton au sénior

Pendant les trois à quatre premières semaines de leur vie, les chatons se nourrissent exclusivement de lait. Le colostrum (le lait produit par la mère pendant les premières 24 heures suivant la mise bas) est particulièrement important, pour deux raisons.

Les chatons nouveau-nés

Le colostrum est riche en facteurs immunitaires qui protègent le chaton, dont le système immunitaire est immature, contre les infections. Les cellules intestinales des chatons laissent passer ces facteurs pendant les premières 24 heures, mais ce n'est plus le cas après. C'est pourquoi il est particulièrement important que les nouveau-nés absorbent suffisamment de colostrum au cours de cette période ! Même si le lait industriel en poudre pour chaton contient suffisamment de nutriments et d'énergie, il ne peut pas remplacer le colostrum. Si l'allaitement n'est pas possible, il faut recourir à un lait industriel en poudre pour chaton. Le lait de vache n'est pas adapté à l'alimentation des chatons qui ont perdu leur mère : il est trop pauvre en lipides et en protéines et trop riche en lactose.

La période de croissance

Outre l'allaitement, la période de croissance est la phase de la vie pendant laquelle les besoins en nutriments et en énergie sont les plus importants. Un chaton a besoin d'autant d'énergie qu'un chat adulte, qui fait pourtant le double de son poids ! Cette règle est valable jusqu'à ce que le chat ait atteint environ 60 % de son poids définitif, c'est-à-dire vers l'âge de 5 mois. À ce moment-là, les apports énergétiques pourront être réduits jusqu'à ce que l'animal atteigne l'âge de 8 mois, auquel il est pratiquement adulte. En outre, les chats en période de croissance ont des besoins accrus en protéines de qualité supérieure par rapport aux chats adultes. Enfin, leur organisme est encore en « construction » et a besoin d'être ravitaillé en permanence ! L'appareil digestif d'un chaton n'est pas aussi efficace que celui d'un adulte : la gueule et les dents sont plus petites, l'estomac a une capacité réduite.

Recette pour les petits gourmands

Cette recette permet de préparer une portion pour quatre chats âgés de 4 semaines :

100 g de filet de sébaste, 2 cuillères à soupe de lait pour chaton, 2 cuillères à café d'épinards, 0,5 g de carbonate de calcium.

Faire cuire le poisson pendant 10 minutes dans un peu d'eau. Blanchir les épinards dans le bouillon de poisson. Mélanger un peu de bouillon avec le lait en poudre et le calcium. Mélanger tous les ingrédients et servir.

C'est pourquoi leurs repas doivent être fractionnés. Vous pouvez également leur laisser des aliments secs à disposition. Prudence toutefois : veillez à contrôler les rations, pour éviter l'obésité plus tard ! Si vous souhaitez leur donner des aliments industriels, choisissez des produits de première qualité. Si vous cuisinez vous-même, choisissez des aliments de qualité et complétez-les avec une préparation à base de vitamines et de minéraux.

À l'automne de la vie

Difficile de dire quand débute la vieillesse. Certains chats sont encore en pleine forme à 14 ans, alors que d'autres sont vieux dès l'âge de 8 ans. En règle générale, on peut dire qu'à partir de 10 ans, les signes de vieillesse augmentent sérieusement. La masse musculaire diminue, tandis que la masse graisseuse augmente. De ce fait, l'alimentation ne doit plus être aussi riche en énergie que celle d'un chat plus jeune. Toutefois, les besoins en protéines ne diminuent pas, mais ils n'augmentent pas non plus, car le déclin de la masse musculaire peut être ralenti

Le lait maternel est le plus adapté pour les nouveau-nés. Pour les orphelins, il existe des laits de substitution.

par l'activité du chat. Vous pouvez choisir des aliments « spécial sénior » (de première qualité) ou cuisiner vous-même des repas équilibrés moins riches en énergie qu'un repas « normal » (avec de la viande maigre).

À SAVOIR
Les petits maux de la vieillesse

Les dents des chats âgés sont souvent entartrées. Prévenez le tartre dès son plus jeune âge en lui donnant de quoi exercer ses mâchoires : par ex. du cœur ou de l'estomac de poulet.
Si le chat souffre de problèmes dentaires, il faudra éventuellement lui extraire des dents.
Les chats édentés se débrouillent très bien : la plupart arrivent même à croquer des aliments secs.
Les aliments frais doivent toutefois être coupés en tout petits morceaux ou réduits en purée. La viande résiste même aux meilleures mâchoires !

À faire et à ne pas faire

Il existe de nombreuses idées reçues sur la façon de nourrir les chats. Les erreurs d'alimentation peuvent être évitées, en voici un récapitulatif.

Les chats doivent boire du lait : oui et non ! La plupart des chats apprécient le goût du lait, mais tous ne sont pas capables de le digérer : la majorité des chats adultes ne sont plus capables de digérer le glucide qu'il contient (lactose). Et même lorsqu'il est bien toléré, le lait n'est pas une simple boisson, c'est un aliment très riche qui contient presque tous les nutriments essentiels et fournit de l'énergie. Prudence également avec les chats obèses : il faut tenir compte de la ration de lait dans leurs apports énergétiques quotidiens.

L'ail repousse les puces et les vers : c'est malheureusement faux ! Comme l'oignon, l'ail est même toxique à forte dose. Les chats préfèrent le poisson : vrai, jusqu'à un certain point ! En règle générale, les chats mangent volontiers des aliments riches en protéines (lait, œufs, poisson, viande). Ils préfèrent les aliments qu'ils connaissent déjà.

1 ◄ Le jeûne est strictement interdit pour le chat, même si, pour l'homme, c'est peut-être un moyen éprouvé de purifier son organisme et de perdre du poids… Une privation prolongée de nourriture peut entraîner des troubles métaboliques graves, surtout chez les chats en surpoids : leur foie n'est pas préparé à brûler subitement autant de graisses. C'est pourquoi tous les chats (gros ou maigres) doivent manger de petites quantités de nourriture à intervalles réguliers.

2 ◀ Ne laissez pas votre chat lécher les boîtes de conserve ouvertes ! **Les rebords coupants peuvent le blesser, notamment la langue et les tempes. En outre, il peut se coincer la tête dans la boîte et paniquer. Les boîtes entamées doivent être placées au réfrigérateur, et une fois vides mettez-les tout de suite au recyclage.**

▶ Les chats recevant une alimentation végétarienne **finissent par souffrir de carences très graves. En tant que carnivores, ils ont absolument besoin de graisses et de protéines animales. Les nutriments d'origine végétale, et notamment les glucides et les fibres, entraînent des troubles digestifs dès que leur part dans l'alimentation du chat dépasse 10 % ; et non, le chat n'aime pas la nourriture pour lapins !** **3**

4 ▲ Les aliments pour chien **n'offrent pas une alimentation correcte sur le long terme. Ils ne contiennent pas suffisamment de protéines, et trop de glucides. En outre, ils ne sont pas suffisamment riches en taurine, essentielle pour le chat. À long terme, ils peuvent entraîner des troubles digestifs et des carences.**

Les régimes

En cas de surpoids

Pantalons trop petits, regards méprisants, culpabilité… Nos chats n'ont pas à subir ces désagréments lorsqu'ils ont quelques kilos en trop. Toutefois, les risques pour la santé, comme les difficultés respiratoires et les troubles métaboliques, sont les mêmes !

Qu'est-ce qu'un chat en surpoids ?

Chez un chat de poids normal, on ne doit pas distinguer les côtes, mais on doit pouvoir les sentir. Le poids idéal se situe autour de 4 kg. Mais attention, même si les écarts de poids chez le chat ne sont pas aussi spectaculaires que chez le chien (qui peut peser de deux à 80 kg, selon l'espèce), il existe tout de même des différences, selon la race et le sexe. Une singapura toute fine ne pèsera que 2 kg, alors qu'un beau Maine Coon atteindra aisément les 10 kg – sans être gros pour autant ! Si vous possédez un chat de race, référez-vous au poids idéal pour sa race et son sexe (si vous ne le connaissez pas, adressez-vous à un club d'éleveurs ou à votre vétérinaire). Si vous avez un chat de gouttière ou un chat croisé, faites-le peser lors de sa prochaine visite chez le vétérinaire et demandez si son poids est correct. Dès que le chat dépasse son poids idéal de 15 %, on parle de surpoids et un régime s'impose. Fixez à votre chat un objectif réaliste : il faut viser une perte d'environ 2 % chaque semaine. Par exemple, un chat de 6 kg, dont le poids idéal se situe autour de 4 kg, devra retrouver son poids de forme progressivement, sur une période de 4 mois.

Rester motivé

Cela vous rappelle peut-être quelque chose : quelques kilos à perdre rapidement, le médecin qui vous tape sur les doigts lors de la dernière consultation. Si seulement le grignotage le soir sur le canapé n'était pas aussi agréable ! Un peu de sport ne vous ferait pas de mal, mais vous êtes à bout de souffle au bout de 5 minutes seulement… Il en va exactement de même pour la plupart des chats en surpoids. Vous n'avez pourtant pas le choix : vous êtes responsable de votre chat, et vous devez vous montrer ferme. Vous êtes le seul à pouvoir rendre à votre chat son « poids de forme » !

Les chats minces vivent en meilleure santé !

Le chat d'intérieur moderne bouge moins que ses congénères vivant en liberté.

Se faire aider par un professionnel

Le mieux est de demander conseil à un vétérinaire : ainsi, vous serez obligé de tenir bon ! Tenez les comptes et pesez votre chat une fois par semaine. Toutes les 2 à 4 semaines, rendez-vous chez le vétérinaire pour un bilan. Il est important que votre chat fasse régulièrement de l'exercice. Prévoyez des plages de jeux régulières : tirez par exemple un jouet au bout d'une ficelle ou faites rouler une balle.

Vous pouvez remplacer les aliments habituels de votre chat soit par des aliments industriels allégés (voir p. 178), ou préparer des repas correspondants à environ 60 % des besoins de votre chat et les répartir en plusieurs petites portions sur la journée. Vous pouvez également répartir des aliments secs dans la maison, pour obliger le chat à aller les chercher lui-même. Lorsque l'objectif est atteint, vous devez vous montrer cohérent. Pour que le chat conserve son poids idéal, il faut respecter trois principes : faire de l'exercice, restreindre l'alimentation et éviter le grignotage !

En surpoids

Ne pas abuser des bonnes choses...

Les excès, mais également les carences en certains nutriments peuvent être nuisibles. Sachez lesquels méritent une attention particulière.

Les carences

Les aliments industriels de première qualité sont équilibrés et riches en nutriments. Ces nutriments sont présents en quantité suffisante, c'est pourquoi une supplémentation n'est pas nécessaire. En revanche, si vous préparez vous-même les repas de votre chat, vous devez savoir quels nutriments sont essentiels pour lui, et comment éviter les carences.

Les chats ont besoin de **protéines animales** pour rester en bonne santé. Les acides aminés qu'elles contiennent leur sont indispensables, car ils ne sont pas capables de les synthétiser. Leurs apports dépendent donc uniquement de leur alimentation.

Un exemple : l'arginine. Une carence peut entraîner vomissements et spasmes, voire la mort. Les **graisses animales** sont également indispensables. Par exemple, les chats ne sont pas capables de synthétiser l'acide arachidonique (à la différence d'autres animaux). S'il ne reçoit que des graisses et des huiles d'origine végétale, une carence peut apparaître. La **taurine** est une autre composante essentielle des aliments d'origine animale. Une carence (due à une alimentation trop incomplète) peut entraîner de graves troubles de la santé. De même, les chats, contrairement à d'autres animaux, ne sont pas capables de synthétiser la **niacine**, une vitamine du complexe B. La niacine est présente en grande quantité dans la viande, le foie ou la levure de bière. En outre, les chats ne sont pas capables de transformer le carotène contenu dans les végétaux en **vitamine A** (contrairement à l'homme). Ils doivent donc absorber de la vitamine A à l'état pur : pour cela, donnez-leur de temps en temps du foie, des rognons ou de l'huile de foie de morue.

En trop grande quantité, le foie est mauvais pour la santé.

Un excès de nutriments peut s'avérer néfaste

Avant de vous précipiter sur les comprimés de vitamines ou l'huile de foie de morue par crainte d'une carence, n'oubliez pas que les vitamines liposolubles ainsi que certains minéraux peuvent s'avérer toxiques en cas d'apport excessif. Un excès de phosphore, de calcium et de magnésium et de vitamine C favorise par exemple la formation de calculs rénaux. À très fortes doses, les vitamines liposolubles A et D

> **À SAVOIR**
> **Les compléments alimentaires**
>
> **Les chats peuvent compenser provisoirement** des carences ou des apports excédentaires en nutriments.
> **Si son alimentation est trop pauvre en vitamines et minéraux,** vous pouvez lui donner des compléments alimentaires. S'il prend des repas variés préparés avec des ingrédients frais, donnez-lui un complément une fois par semaine seulement.
> **N'ajoutez jamais** de compléments alimentaires dans les aliments industriels !

Le chat ne doit pas se nourrir exclusivement de muscle, car ce n'est pas un aliment complet.

peuvent entraîner des « vitaminoses » (« empoisonnements » aux vitamines). Ces dernières se manifestent à long terme par des troubles ostéo-articulaires douloureux (hypervitaminose A) ou une calcification des vaisseaux et des reins (hypervitaminose D). Dans la pratique, ces affections se développent très rarement, sauf si vous nourrissez votre chat exclusivement de foie (riche en vitamine A) ou que vous lui donnez tous les jours de l'huile de foie de morue (riche en vitamine D). Si les repas du chat se composent à plus de 75 % d'aliments industriels, une supplémentation est inutile.

Excès et carences

Les aliments de régime

Les progrès rapides de la médecine vétérinaire ont conduit à l'apparition d'une vaste palette d'aliments de régime. Il en existe aujourd'hui pour presque chaque maladie !

Uniquement chez le vétérinaire

Il existe désormais un aliment spécifique pour la plupart des maladies dont souffrent les chats. Ces aliments spéciaux associent des nutriments et éventuellement certains additifs, et sont censés contribuer à améliorer l'état de santé de l'animal. La plupart de ces aliments ne sont utilisés que pendant la durée de la maladie, mais d'autres doivent être consommés pendant tout le reste de la vie du chat. La plupart de ces produits existent sous la forme d'aliments secs et humides, sauf en ce qui concerne les aliments secs spécialement destinés à la prévention du tartre. Les aliments de régime destinés aux chats malades (dont ne font pas partie les aliments allégés ou les produits d'entretien des dents) sont disponibles uniquement chez le vétérinaire.

Quels sont les différents régimes ?

Pour vous y retrouver dans la jungle de produits, vous trouverez ci-après une sélection des régimes les plus courants : le plus connu est destiné aux chats en surpoids. Ces produits allégés sont pauvres en lipides. La plupart sont toutefois plus riches en fibres et en glucides, ce qui peut entraîner des ballonnements. Choisissez de préférence un produit dont seule la teneur en lipides a été modifiée !

Il existe également une multitude d'aliments spéciaux destinés aux chats atteints de maladies de peau, généralement enrichis en acides aminés essentiels.

Il existe également des régimes spéciaux pour les chats atteints d'une maladie rénale. La teneur en phosphore de ces aliments est réduite afin de ménager les reins. Les produits de régime visant à traiter et/ou prévenir les calculs rénaux sont pauvres en certains minéraux et acidifient légèrement l'urine. Les aliments antiallergiques contiennent des protéines sélectionnées qui ont subi un traitement spécial afin de minimiser les risques d'allergie. Les aliments spécialement destinés à la convalescence sont hau-

La prévention

De nombreuses maladies peuvent être évitées si le chat est correctement nourri et soigné dès le départ.

Les sucreries sous toutes leurs formes sont interdites ! À long terme, la consommation de sucre (et les excès de glucides en général) peut entraîner des troubles métaboliques.

Évitez de ne donner que des aliments secs. Ils peuvent à long terme favoriser l'apparition de calculs rénaux.

La faisselle est riche en protéines et facile à digérer.

tement digestibles, riches en énergie et souvent très appétissants, afin que le patient puisse reprendre rapidement des forces.

La grève de la faim

Chacun sait qu'on manque d'appétit quand on est malade. Il en est de même pour les chats. Si vous avez payé très cher un sac d'aliments de régime, et que votre chat refuse de les manger, ne stressez pas. Même si un régime spécial peut contribuer à améliorer le processus de guérison, de nombreux autres facteurs y contribuent. Essayez les astuces suggérées à la page 156, afin de rendre ce régime plus appétissant. Ne vous angoissez pas inutilement, vous ne pourrez de toute façon pas forcer votre chat à manger.

les astuces suggérées à la page 156

À SAVOIR
Astuces

Vous pouvez réchauffer rapidement les aliments en boîte à la poêle, la plupart des chats les acceptent plus volontiers ainsi.
Un peu d'aliments pour bébé peut être mélangé à la viande : la plupart des chats adorent ça !
Habituez le chat peu à peu : commencez par mélanger un peu de ses aliments de régime à ses repas habituels, et augmentez chaque jour un peu la dose.
Si rien n'y fait, demandez une autre solution au vétérinaire.

Au secours !
Mon chat vomit !

Les chats vomissent plus ou moins régulièrement. Cela peut être le signe d'une maladie grave, mais pas forcément...

Les chats avalent inévitablement des poils lorsqu'ils font leur toilette. Quant aux chasseurs, ils avalent leurs proies avec les poils et les plumes. Ces « corps étrangers » sont ensuite rejetés. C'est un processus tout à fait normal, qui concerne aussi bien les chats domestiques que leurs cousins sauvages. Il n'y a donc pas de souci à se faire.

Qu'est-ce qui déclenche les vomissements ?

Les chats à la fourrure très abondante se retrouvent rapidement dépassés. Dans les cas les plus extrêmes, les poils avalés forment une boule dans l'estomac et ne peuvent plus être évacués, que ce soit dans un sens ou dans un autre ! Les chats ont la nausée et vomissent « dans le vide ». Il est possible de prévenir ce phénomène en donnant régulièrement au chat de la pâte de malt (chez le vétérinaire ou en animalerie), qui aide à dissoudre les poils et à les faire passer à travers l'intestin. L'herbe à chat contribue également à l'évacuation des poils.

1 ◄ **Les chats sont relativement sensibles au stress.** Si des animaux ou des enfants les tourmentent, il est possible qu'ils vomissent plus souvent que d'habitude, à force de manger plus rapidement, ce qui irrite la muqueuse de l'estomac. Envisagez cette possibilité si l'environnement du chat a changé. Souvent, il suffit de le faire manger au calme pour que le problème disparaisse de lui-même.

Que peuvent-ils cacher?

Le chat vomit-il après les repas, ou n'importe quand? Vomit-il ses aliments ou juste du liquide? Se porte-t-il bien en dehors de cela, ou présente-t-il d'autres symptômes tels que de la diarrhée? Maigrit-il, s'isole-t-il? Si les vomissements deviennent plus fréquents que d'habitude, n'hésitez pas à consulter un vétérinaire. Ils peuvent avoir une cause bénigne, comme des vers (on peut parfois voir ces ascarides, qui évoquent des spaghettis, dans le vomi). Toutefois, les causes peuvent être plus sérieuses: maladie virale ou malformation anatomique (plutôt chez les jeunes chats), défaillance d'un organe ou tumeur (plutôt chez les chats plus âgés). En cas de troubles gastro-intestinaux, les aliments les plus adaptés sont les suivants: viande maigre de poulet, œuf cuit, faisselle ou petit pot pour bébé (à la viande).

2

▲ **Des aliments non adaptés** ou auxquels le chat n'est pas habitué peuvent entraîner des vomissements. De nombreux chats sont sensibles aux aliments secs, surtout lorsqu'ils avalent les petits morceaux tout ronds. Les aliments secs ont une teneur plus élevée en glucides, qui sont mal assimilés par le chat. Les aliments bon marché ne suivent pas une recette fixe, ce qui signifie que leur composition peut varier d'un lot à l'autre. La plupart des chats le supportent plus ou moins bien. Si le chat vomit systématiquement son repas, mais semble en forme et plein d'entrain, optez pour des aliments de première qualité (chez le vétérinaire ou en animalerie — faites-vous conseiller par le vendeur).

Les allergies

Les allergies alimentaires sont rares chez le chat ; on ne sait pas exactement quelle est leur proportion parmi toutes les maladies allergiques touchant le chat. Il est facile de soupçonner une allergie alimentaire, mais plus difficile d'en apporter la preuve.

Allergie ou intolérance ?

Une « véritable » allergie se caractérise par une réaction exagérée du système immunitaire à certaines substances contenant des protéines. Une intolérance (incapacité à digérer) peut certes produire des effets très similaires, mais n'a pas grand-chose à voir avec le système immunitaire. Les intolérances concernent par exemple des aliments contenant de l'histamine, car cette dernière peut entraîner des réactions violentes telles que de l'urticaire et des troubles respiratoires (des symptômes très semblables à ceux de l'allergie). On trouve de l'histamine dans certains poissons, comme les maquereaux. Le lactose peut également être à l'origine d'une intolérance : la plupart des chats (et des hommes) ne produisent pas l'enzyme permettant de digérer le lactose. C'est pourquoi l'ingestion de lait entraîne des diarrhées. D'autres aliments contiennent des substances toxiques pour les chats, comme les oignons. Enfin, les aliments peuvent être contaminés par des substances toxiques liées à la présence de moisissures ou de bactéries, et entraînant des réactions violentes. Les véritables allergies impliquent toujours des protéines (par ex. la viande) ou des ingrédients contenant des protéines (par ex. le gluten). Elles peuvent apparaître à tout âge. Le cas typique est un chat qui a mangé un certain aliment pendant une longue période sans aucun problème puis y devient « soudainement » allergique.

Comment reconnaître une allergie alimentaire ?

Le symptôme typique est une réaction cutanée, voire des démangeaisons, surtout sur la tête, le cou et les oreilles. Si le chat ne mange l'aliment déclencheur qu'une fois de temps en temps, les démangeaisons surviennent 4 à 24 heures après le repas. Si le chat est allergique à un ingrédient de son repas quotidien, il va se gratter en permanence. Comme l'organisme doit être souvent confronté à l'allergène avant que l'allergie ne se manifeste, les allergènes typiques sont surtout les aliments les plus courants comme la viande de bœuf. Si le chat

Une allergie alimentaire est difficile à mettre en évidence.

Les démangeaisons sont un symptôme typique d'allergie.

mange surtout de l'agneau ou du poulet, il peut tout à fait développer une allergie à ces sources de protéines.

Chez le vétérinaire !

En cas de suspicion d'allergie, le vétérinaire va recommander un régime d'éviction. C'est un régime assez long, mais il est bien plus révélateur qu'une prise de sang. Pendant 6 à 10 semaines, le chat ne consomme plus que des repas faits maison contenant des ingrédients qu'il n'a jamais consommés auparavant (par ex. de l'agneau ou du cheval). Très important : pendant cette période, il ne doit rien manger d'autre, car tous les aliments sont susceptibles de déclencher une allergie ! À l'issue de cette période, on lui donne à manger l'un des aliments « soupçonnés » (par ex. du bœuf) et on observe la réaction. On procède de même jusqu'à ce que l'on trouve l'aliment déclencheur. Attention, ce régime doit être mené sous la surveillance d'un vétérinaire.

> **À SAVOIR**
> **Que faire si mon chat est allergique ?**
> **Une fois l'aliment déclencheur mis en évidence,** il faut l'éliminer complètement du régime alimentaire.
> **Nourrissez votre chat** de préférence avec des repas faits maison, par ex. avec les ingrédients du régime d'éviction, complétés par des vitamines et des minéraux.
> **La plupart du temps,** le chat est allergique à des protéines contenues dans les aliments industriels, mais les supporte bien lorsqu'il les consomme sous forme d'aliments frais.

Allergies

Les maladies liées au mode de vie

Les maladies liées au style de vie concernent surtout les chats d'intérieur, même si les chats vivant en liberté ne sont pas épargnés. Les deux principales sont les suivantes : le diabète et l'affection du bas appareil urinaire (ABAU).

Les chats atteints de diabète boivent très souvent.

Le diabète

En cas de diabète, l'organisme n'est pas capable d'utiliser l'insuline produite par le pancréas pour transformer les glucides, ou le pancréas en produit peu ou pas du tout. Un apport extérieur d'insuline est alors nécessaire (par injection). Comme l'homme, le chat peut souffrir de diabète de type I ou II. Alors que le diabète de type I est une maladie héréditaire plutôt rare, près de 80 % des chats diabétiques sont atteints de diabète de type II (une maladie clairement liée au mode de vie). Toutes ses causes ne sont pas connues ; il est toutefois établi que le manque d'exercice, une alimentation riche en glucides et le surpoids sont des facteurs déclenchants. Il arrive même qu'un chat atteint de diabète de type II puisse se rétablir et vivre sans injection d'insuline après un changement d'alimentation et une perte de poids ! Autres facteurs de risque d'apparition du diabète, les traitements réguliers à la cortisone (contre les allergies ou l'asthme), ainsi que certaines préparations à base d'hormones (contre les chaleurs).

Dans tous les cas, un diagnostic et un traitement rapides sont essentiels. Les symptômes caractéristiques sont une soif intense et des mictions plus fréquentes. De nombreux chats ont un appétit démesuré, mais perdent pourtant du poids. Le vétérinaire confirmera le diagnostic à l'aide d'analyses sanguines et urinaires.

Les affections du bas système urinaire (ABAU)

Le patient typique est un mâle en surpoids nourri principalement de croquettes. Des cristaux, du sable ou des calculs se forment dans l'urine et irritent la paroi vésicale et l'urètre, et peuvent éventuellement le bloquer. Les animaux atteints souffrent lorsqu'ils urinent, et du sang est présent dans leurs urines. La plupart ne parviennent

*Les **ABAU** sont à l'origine de troubles urinaires.*

même plus à uriner. Sans traitement, la situation va rapidement devenir critique : une vessie bloquée peut finir par éclater. Dans les cas extrêmes, une sonde devra être placée sous anesthésie pour vider la vessie.

Les causes

On suppose que les aliments secs favorisent l'apparition des ABAU. Étant donné que par nature, les chats boivent relativement peu, leur organisme économise en quelque sorte l'eau lorsque les aliments sont secs. L'urine est si concentrée que cela favorise l'apparition de cristaux.

Les aliments à forte teneur en magnésium (et généralement en cendres brutes) semblent également être un facteur déclenchant : les cristaux sont dans la plupart des cas des calculs de struvite, composés notamment de magnésium.

De nombreux aliments font augmenter le pH de l'urine (normalement acide), ce qui favorise la formation des calculs de struvite. Comme l'urètre de chat forme un S, le risque que les calculs se déposent est plus important.

À SAVOIR
Prévention

Le métabolisme du chat n'est pas adapté à un surpoids. Faites en sorte que votre matou reste mince, car sa santé en dépend !
Les chats sont carnivores. Évitez les glucides au maximum : ils ne doivent pas représenter plus de 8 % de leur alimentation.
Les aliments secs ont quelques désavantages : pauvres en eau, trop riches en glucides et en cendres brutes. Ne nourrissez pas votre chat exclusivement de croquettes !

Maladies

Gâter son chat, oui, mais intelligemment!!

Pimente l'alimentation de ton chat d'un soupçon de jeu et de plaisir!

Les chats présentent de nombreux points communs avec l'homme : ils ont un aliment préféré, pour lequel ils feraient (presque) n'importe quoi. Par contre, ils apprécient moins certains autres aliments. La plupart des chats aiment manger au calme, alors que d'autres aiment qu'on leur tienne compagnie. Et le tien ?

①

▲ Chercher sa nourriture : la plupart des chats reçoivent chaque jour une écuelle pleine. Mais ils peuvent également chercher eux-mêmes leur nourriture ! Si ton chat mange des croquettes, disperse-les dans la pièce. Tu seras étonné de voir à quelle vitesse il les trouve !

À SAVOIR
La chasse aux souris (entre autres !)

C'est en Égypte que les chats ont été domestiqués pour la première fois, il y a environ 6 000 ans. Ils étaient chargés de protéger les réserves de maïs contre les souris. Ils avaient aussi la tâche de chasser, voire de capturer les serpents !

②

▲ Exercer ses mâchoires : les chats se lavent les dents en mâchant. Ton chat est-il en bonne santé ? Demande à ta maman d'acheter un morceau de bœuf chez le boucher (environ 50 g).
Tu seras étonné de voir ton chat le mâcher avec délectation ! Ce faisant, il incline la tête. Ses molaires fonctionnent comme des ciseaux (contrairement aux nôtres) : elles n'écrasent pas la viande, mais la déchiquettent.

③

▲ L'herbe à chat : sème de l'herbe à chat (vendue en animalerie ou en jardinerie) dans un pot, afin que ton chat ait de la verdure à disposition.

④

▲ Les gourmands : le sucre est encore plus mauvais pour le chat que pour nous ! Heureusement, les chats ne sont pas très friands de sucreries : ils préfèrent les en-cas nourrissants comme le jambon ou les saucisses plutôt que le chocolat !

Coin infos

Crédits photographiques

Toutes les photographies sont de Regina Kuhn, excepté :

Eva Götz : pp. 70, 72, 74, 76, 79, 81, 92, 93 (2), 97, 100, 103d, 105 b, 114, 115, 116, 118, 119 hbg, 120, 121 (2), 124, 167, 181, 186.
M. L Hubert et JL Klein, Lupstein : pp. 19, 20, 21 (2)
IPO : p. 113
Juniors Tierfoto pp. 153, 174
Juniors/Schanz : p. 86
Martina Czolgoczewski : pp. 132, 133, 134, 135, 136, 137, 138, 139, 140, 141, 142, 143, 144, 164, 165, 166, 169, 170, 171, 175, 176, 177, 179, 180, 183, 184, 187.
Nicola Mielke : p. 71.
Pixelquelle : p. 128, 129, 130, 150, 151, 152, 161, 163, 182.
Clinique vétérinaire Peter Söhl : p. 139.
Trixie p. 163.
Ulrike Fabian : pp. 77, 78, 84, 94, 98, 99, 112, 126
Ulrike Schanz : p. 19, 20, 110.
Waldhausl/bartussek : p. 104.
Waldhausl/Wegner : pp.85, 90, 91.
J. Westrich : p. 60.

Réalisation

▶ **Eva-Maria Götz** est biologiste. Elle élève des chats depuis 20 ans et a écrit de nombreux articles et ouvrages sur ces animaux.

▶ **Birgit Gollman** est zoologue et enseigne la biologie au lycée. Depuis sa plus tendre enfance, les chats occupent une place importante dans sa vie.

▶ **Dr Ana Laukner** exerce son métier de vétérinaire. Elle a écrit de nombreux articles et livres sur les animaux domestiques.

▶ **Regina Kuhn** est une photographe et auteur indépendante possédant de nombreuses années d'expérience dans la photographie animalière.

Cet ouvrage réunit trois livres publiés en allemand :
« Wohnen mit Katze » (Eva-Marie Götz) © 2006,
Stuttgart (Hohenheim).
« Katzen » (Birgit Gollman) © 2005, Stuttgart
(Hohenheim).
« Katzen füttern » (Ana Laukner) © 2007, Stuttgart
(Hohenheim).
Traduits de l'allemand par : Caroline Lelong
(Carpe Sensum)

© 2014 Les Éditions Ulmer
8, rue Blanche
75 009 Paris
Tél. : 01 48 05 03 03
Fax : 01 48 05 02 04
www.editions-ulmer.fr

Réalisation : Bénédicte Dumont
Suivi éditorial : Raphaële Gandara
Impression : Alcione, Trento
Printed in Italy
Dépôt légal : mars 2014
ISBN : 978-2-84 138-712-0
N° d'édition : 712-01

Responsabilité

L'auteur et l'éditeur se sont efforcés d'apporter
les informations les plus fiables possibles.
Des erreurs ne peuvent toutefois être totalement exclues.
Aucune garantie quant à l'exactitude des informations
ne peut donc être donnée. Leur responsabilité pour
les dommages éventuels qui pourraient en résulter
ne pourra être juridiquement invoquée.

Index

Aux éditions Ulmer
deux livres complémentaires sur les chats

LE COMPORTEMENT DU CHAT DE A À Z

Comprendre et agir

Valérie Dramard

256 pages, 60 dessins,
17 x 21,5 cm, 2012
18,50 €

POURQUOI MON CHAT FAIT-IL ÇA ?

Les mystères de son comportement enfin expliqués

Sarah Heath

96 pages, 150 photos,
16,5 x 23,5 cm, 2011
10,90 €